その子（ペット）はあなたに出会うためにやってきた。

愛犬や愛猫がいちばん
伝えたかったこと

大河内りこ
Rico Okochi

青春出版社

ペットたちは、
飼い主さんが大好きです。
だからこそ、
たくさんのメッセージを
発しています。

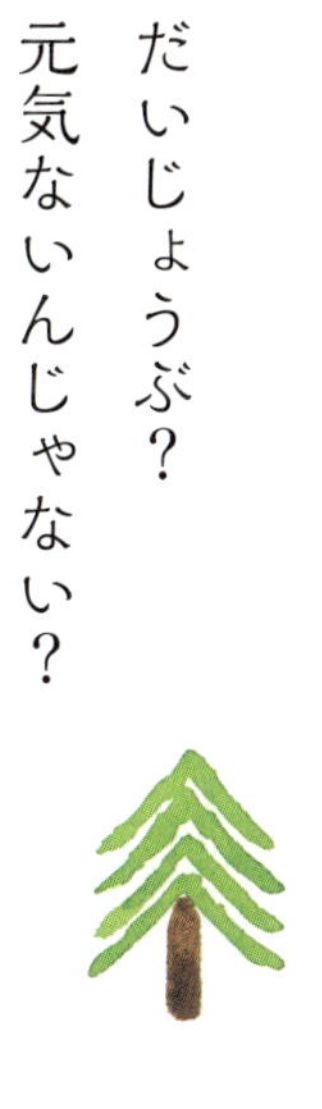

ママ、だいじょうぶ？
パパ、元気ないんじゃない？
もう我慢しないで。
思ったようにしていいんだよ。

僕のことは心配しないで。
私のこと、愛してくれてありがとう。

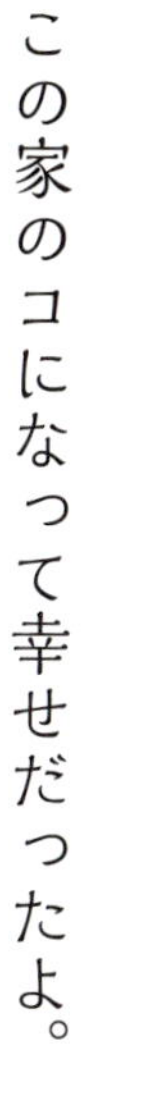

この家のコになって幸せだったよ。

大切なコの心を感じること、
心の声を聞くことは
じつは、そんなに難しいことでは
ありません。

電話をかけるように
心の糸をつなぐだけです。

飼い主さんがイライラすれば、
ペットも不安定になります。
飼い主さんが幸せであれば、
ペットたちも幸せです。
合わせ鏡のようなものなのです。

愛する、我がコとの毎日を
もっともっと愛おしいものにしてください

あなたと、あなたの大切なコが、
かけがえのない毎日を過ごせますように――

『その子(ペット)はあなたに出会うためにやってきた。』

もくじ

第2章 ペットたちのほんとうの気持ちと出会う
——動物たちの声に耳を澄ませてみませんか？

第3章　ターミナル期にいるコ、お空に還ったコとつながり合うために…

第4章 その問題行動にも意味があったのです
——ペットたちからのサインに気づいてください

終章 わたしがアニマルコミュニケーターになった理由
――ペットと飼い主の幸せのために

カバーイラスト　Tsuin
本文イラスト　みやしたゆみ
本文デザイン　浦郷和美
DTP　森の印刷屋
本文写真　savitskaya iryna/shutterstock.com

編集部注：本書にはさまざまな事例が登場しますが、ご相談者を特定できるような情報については配慮し、編集されておりますことをご承知おきください

プロローグ
ペットは神様のおつかいでした

ペットと会話ができると言ったら、信じられますか？

「信じられる！」と答えたあなたは、きっと、いとも簡単に愛しいペットとお話ができるようになるでしょう。
「信じられない！」と答えたあなたも、あることさえすればできるようになります。だって、こんなにアニマルコミュニケーションでたくさんのペットたちが変わるのを目の当たりにしてきたわたしでさえ、最初は「動物と話すなんてうさんくさい！」と思っていたのですから。

はじめまして。大河内りこと申します。アニマルコミュニケーターというお仕事をしています。飼い主さんのご相談にのったり、アニマルコミュニケーションの講座をひらいたりしています。動物とお話ができます。子どもの頃から話せたわけではありません。43歳で勉強を始め、練習を重ねて話せるようになりました。

それまでは人間が動物と会話ができるなんて、これっぽっちも思いませんでした。犬友達から「アニマルコミュニケーション」という言葉を初めて聞いたのが、2006年のこと。

「犬と話せる？　何をバカなことを言っちゃってるの⁉」

はじめは、こんな疑いの気持ちでいっぱいでした。このように現実世界にドップリと浸っていたわたしがアニマルコミュニケーションを実際に体験したのが2009年。その友人に連れられてアメリカ人女性のもとを訪れることになりました。どうしても一つだけ、愛犬、小雪から聞きたいことがあったのです。

「どうして、小雪がわたしのもとにやってきたのか？　彼女の今生でのミッションは何なのか？」　それが、たった一つだけ聞きたかったこと。

そのアニマルコミュニケーターさんは、こう伝えてくれました。

「小雪ちゃんは、あなたと一緒に癒しの道を今学び、これからも一緒にその道を歩むと言っているわ」

そのひと言で、目の前に光が射し、明るくなったのを今でも覚えています。

それが探し求めていた、わたしの人生の道筋となりました。

その頃のわたしは、心身の不調をどうにかしたくて、図書館で健康本を読みあさったり、マクロビオティックのお料理教室に通ったり、健康講座に通ったりしていました。「こんなことに時間とお金を費やしても無駄になるだけなんじゃないか……」こんな想いも心の片隅に持ちながら、迷いながらの勉強でした。ですから「癒しの道を進む」という方向性が間違っていないことに太鼓判を押されただけで、俄然（がぜん）やる気が湧いてきたのです。

癒しの道を学び続けることを決めたら、小雪の体調に異変が起きました。

それまで学んだ知識をもとに快復に向けて全力投球をしました。また複数の獣医さんの得意分野を生かした治療もあり、なんとか一命を取り留めた小雪。でも、「あんなに苦しんでいた小雪を助けたのは自分のエゴだったのでは……」と思い、助けたことが本当に正しかったのか、確かめたくなってしまったのです。

「いつでも、どこでも、どんなときでも、自分で小雪と会話ができたら、どんなに便利だろう！　これまでたくさんの健康の知識を得て、それを道具として小雪の命を救った。それと同じように小雪と話すための道具がほしい！」

その便利な道具を手に入れるために、「愛しい大切な我がコが思っていることをただ知りたい！　自分でその声を聞いてみたい‼」その一心でアニマルコミュニケーションの世界に足を踏み入れました。

冒頭にお伝えした「あることをすれば会話ができる」の「あること」とは、愛する我がコと「話せる！」と信じること。それと、愛する我がコと「話すんだ！」という熱意。最初に必要なのはたったこれだけです。自分に素直になって、心の耳を目の前のペットに傾ければ、愛しい我がコの声が心にすっと入ってくるのです。

わたしたちは、日々「感じて」います。挨拶ひとつを相手と交わす中にも、たくさんの情報が行き交っています。「ご機嫌良さそうね」とか、「あら、体調がすぐれないのかしら？」とか、ただ「おはよう」の4音を交わす、ほんの1秒足らずの間にも、わたしたちは意図せずして様々なことを「感じて」いるのです。

アニマルコミュニケーションは、これを意図して動物と行います。元々人間を含む動物が持ち合わせている能力を呼び覚まし、トレーニングをするのです。

彼らはいつも家族の心の声を聞いています。飼い主さんが自分では気づかないような心の隅の隅、心の奥の奥まで知っています。

そんな視点でペットたちを改めて見てみてください。

「そう言えば、じっとわたしの顔を見て、まるでご機嫌伺いをしているよう」

「そう言えば、まるでわたしの心の中を知っているように、悲しいときに顔を舐（な）めて慰（なぐさ）めるような仕草をしたり、逆に遊びに誘ってきたりするわ」

……思い当たることはありませんか？

彼らが本当には何をどう思っているのか、みなさんを彼らの心の世界へお連れしましょう。

第1章

そのコは、大切なことを伝えるためにやってきた

——あなたとつながる役目をになって…

そのコはどうして
あなたのもとへやってきたのか

あなたのペットは、どうしてあなたのもとへやってきたと思いますか？

動物たちの魂は、自然動物の体を着ることもできます。それなのに、なぜペットとしての体を借りることにしたのでしょう。

野良猫としてやってきたマロくんのお話

猫のマロくん、野良猫として1年半も今の飼い主Yさんと関わっていました。
猫と暮らしたことがないYさん。どうやって猫を飼えばいいのかわかりません。
ですから、マロくんとの生活を始めることにとても躊躇（ちゅうちょ）されました。

なぜか、マロくんの存在が気になって仕方がないYさん、いつしか散歩に出かけるたびに、マロくんの元気な姿を確認するようになりました。

そんなYさんの気持ちを知ってか、足にまとわりつくマロくん。そのうちスニーカーの紐で遊ぶようになり、Yさんも愛着がどんどん湧いていきました。

一野良猫と一散歩途中の人という関係が1年半も続いたある日、マロくんはひどい猫風邪にかかり、お目目やお鼻がグチュグチュになっていました。

見かねた近所の心優しい女性が動物病院へ連れて行き、お薬を飲ませて看病してくれました。あまりにも哀れな姿のマロくん。そのままお外の生活を強いるのは気の毒に思い、Yさんはやっとマロくんを引き取る決心をしました。

家族を説得し、ようやく飼い猫として一緒に暮らせるようになりました。

安住の地を得たマロくんですが、神さまは厳しいですね。受難はまだ続きます。

動物病院で詳しく体を調べたところ、腎臓の機能が良くないことがわかりました。近所の動物病院、東京にある自然療法を取り入れている動物病院の先生にも相談をされましたが、やはり状態は良くないとのこと。

「このコにしてあげられることは何だろう?」

「このコは何を望んでいるんだろう?」

「このコはどうして、わたしのもとにやってきたんだろう?」


Yさんの心の中は疑問でいっぱいになりました。そこで、アニマルコミュニケーションのセッションで、その疑問を解消したいと思い立ったのです。

写真とたくさんのメモを持って、わたしのところへお越しになったYさん。

「知りたい! 知りたい! 知りたい!」

たくさんの疑問を秩序立てて理由を知りたがっていらっしゃる様子が、言葉を介さなくてもわかりました。

まず、いちばんご心配であろうマロくんの体調についてお話をさせていただきました。獣医さんは、いよいよの時を覚悟をしたほうがいいとの見解を示されていたようでしたが、わたしが見たところ、マロくんは、そんなに簡単にはお空へ還っていきそうにもないと感じました。それよりも、Yさんと一緒に過ごすことで、マロくんのお役目がまだあるように感じたのです。

まだまだ生きることを諦めてはいなかったですし、なにより生命力を感じました。今からでも体調管理をしっかりやりさえすれば、少なくとも現状保持はできる！　そう確信しました。何の根拠もありませんが、マロくん自身、そしてマロくんの体からメッセージを受け取って、そう感じました。

もちろん、わたしは獣医師ではありませんから、獣医学的観点からのアドバイスをすることはありません。ただ、わたし自身が愛犬の命を救った体験から持っている知恵を、わかち合うだけです。

お家で飼い主さんにやっていただくホームケアは、優れたおばあちゃんの知恵袋的なものです。先人たちの知恵は侮れません。現代にも十分に通用しますし、人間だけでなく動物にも使えるもので、重宝します。

さて、マロくんの身体の管理についてのお話の次は、マロくんの気持ちやマロくんの魂からのメッセージをＹさんにお伝えしました。

マロくんとＹさん、やはりご縁があるようでした。

Yさんはちょうどご自身の人生において、進む方向を迷っている時期でした。「ママが行く先を導くよ。ボクが歩いた跡をたどればいい」。雪の上に付いたマロくんの足跡通りに、Yさんが歩を進めています。実際にマロくんが降り積もった雪を歩くことはないでしょうけれど、わたしにはそんなイメージがやってきたのです。

マロくんが、Yさんの人生の水先案内人。そのお役目を果たすためにマロくんは、Yさんの前に現れたそうです。しかも猫の姿を借りて。

「だって、犬を飼う気にはならなかったでしょ？　だから猫」

実は、Yさんのお宅では、歴代シーズーという犬種のワンちゃんを飼っていましたが、全頭すでに亡くされていました。そのときに、ご家族でペットロスになったそうです。

もう二度とペットは飼いたくない！　そんな辛い喪失を体験しているので、犬を飼う選択はなかったそうです。マロくんの魂は、それをお見通しだったのでしょうね。だから、猫の体を借りたのです。

しかも、体調を悪くして、「もう死にそう」と言葉なき声でYさんに訴えかけていたのでしょう。Yさんも、マロくんが命を落としそうにならなければ、お家に迎えることはしなかったはず。マロくんも、たくさんサインを送っていたと言っていました。でもなかなか気づいてもらえない。目鼻がグチュグチュになったのは、最終手段だったそうです。


そんなお話を、わたしとマロくんとでしていましたら、Yさんがお持ちになったマロくんのお写真の1枚に目が留まりました。

白黒のマロくんの背中の模様が、シーズーの後ろ姿に見えました。

マロくんがYさんに示してくれていたサインの一つでした。

そして、マロくんはもっと興味深いことを教えてくれました。

今は亡きYさんのお家の愛犬たちとマロくんは、実はお空では同じクラスだったのだそう。魂のクラスが同じということは、お役目や実際の行動は似ます。

Yさんは、「マロは猫なのに、全然猫らしくなくて、本当におとなしくて犬みたいなんです」とおっしゃりながら、その理由が魂のクラスにあると知り、至極納得をされていました。

出逢って家に迎え入れるまでに1年半。それも、Yさんにとって必要な時間だったのだろうと、マロくんからのメッセージを聞いて納得をしました。

今ではYさんにとっては、なくてはならない存在になったマロくん。一緒に進むべき道を歩んでいます。

🐾

ペットは飼い主の魂が成長するサポートをしてくれます。そして、実は、飼い主もペットたちの魂を成長させるためのお役目を与えられているのです。つまり、**ペットは飼い主と共に成長するためにやってきた**のです。

ペットたちは本質を知っています。自然の摂理を知っています。

そんな崇高な魂を持ったペットたちのメッセージは、神さまからのメッセージでもありますね。ペットたちのお役目の一つは、神さまのお遣いなのです。

あなたに、命をかけて伝えたい言葉があります

愛する我がコとはいつまでも一緒にいたいと思いますよね。
いつまでも元気で、ずっと一緒に……。

獣医さんからこんなことを告げられた飼い主さんも、少なからずいらっしゃるのではないでしょうか？

「安楽死も視野に入れておいてください」

飼い主にとっては、奈落（ならく）の底に落とされるような宣告。

すべての神さまに見放されたような気分になるでしょう。


苦しむ姿にいたたまれない。代わってやれるものなら……。

どうせ処置をお願いするのであれば、一秒でも早くこの苦しみから解放させて安らぎを与えてあげたい。

安楽死の選択を迫られるとき、人生最大の岐路に立たされたかのような切羽詰まった気持ちになるでしょう。自分の命の選択を自分でするほうが楽だと感じるくらい、苦渋に満ちた体験をした方も、中にはいらっしゃるでしょうね。

愛する我がコと一日でも長く一緒にいられたなら、どんなに幸せなことか。理想と現実が、行ったり来たり。脳内会議も活発になります。過去のちょっとしたことが、悔やまれてならなくなるものです。

頭の中は、タラレバでいっぱい。

すっかり心の余裕がなくなってしまいます。

こういう状態では、自然な死を選択しても、安楽死を選択したとしても、後悔が付きまとうばかり。本当に苦しい決断です。

安楽死を選択した場合、罪を犯してしまったのではないかという恐怖や、命を奪ってしまったのではないかという罪悪感に押しつぶされそうになることも。

そして、逆に、自然な死を重んじたとしても、苦しませてしまったという自責の念でいっぱいになるものです。

いずれにしても、我がコが、どうしてもらいたかったのか知りたくなりますね。


こんな苦しみの渦中でアニマルコミュニケーションをご希望される飼い主さんもいらっしゃいます。

申し込みは、飼い主さんが現実的な手続きをされますが、本当のところはペットちゃん自身が申し込んでくるのだと感じます。

愛する飼い主さんへ、自らの言葉を届けるために。ペットの持つチカラは、想像の域をはるかに超えます。


飼い主さんがペットの苦しむ姿を見たくないように、ペットだって飼い主さんを苦しめたくて、こんな状況をつくっているわけではありません。

ペットとのお別れの前後でのアニマルコミュニケーションは、ペットロス予防には大変効果的に働きます。ペットたちの、飼い主を愛し貫く本当の姿を知ってもらいたい！　そう思います。

ペットたちは、飼い主さんがどんな選択をしようとも、決して恨みつらみは言いませんから、どうぞ安心して愛する我がコと対話をしてみてください。「きっと怒っているに違いない」「あきれているのでは……？」「責められているんじゃないだろうか？」……頭の中でこんな妄想劇が繰り広げられているならば、なおのこと、アニマルコミュニケーションをお勧めします。飼い主側の思考による思い込みや勘違いで、お空へ還ったペットとの関係性を歪めてほしくないからです。

この本を手に取ってくださるような飼い主さんのもとへやってきたペットたちは、飼い主さんを信頼しています。たとえ、過去に人間に裏切られた体験があったとしても……。

ですから、飼い主さんが選択したことは、自然な死か安楽死かというような重大な決断でないとしても、「それでよかったんだよ」と言ってくれますよ。

その理由もそれぞれに教えてくれることでしょう。

そして、飼い主さんへ伝えておきたいメッセージもくれます。

時には、それが飼い主さんのその後の人生に大きく関わるような、大切なことかもしれません。どうぞ、怖れや後悔、罪悪感を、愛に転換してください。


「そんなことできるの？」


今、心の中で呟きましたか？

大丈夫。できますよ。


一生、後悔を引きずるような、十字架を背負うような人生をペットたちが望んでいると思いますか？

お空でも飼い主さんの幸せをずっと応援し続けてくれる。そんな素直で健気な存在がペットたちの魂なのですから。

安楽死を前に想いを伝え合った家族のお話

こんなことがありました。

体調の回復が見込めない16歳のワンちゃんの事例です。

安楽死を選択された飼い主さん、せめて、最期に想いを伝え合いたいとアニマルコミュニケーションをご希望になられました。


「今まで本当にありがとうね。

アナタに出逢って本当に幸せだった。

うちに来てくれて、ありがとうね。

大好きよ。いつまでも愛してるから」


慈愛でいっぱいの言葉をワンちゃんに向けられました。

「かあさん、ありがとう！

かあさん、だいすき！

かあさん！　かあさん！　かあさん！」


そのコから聞こえてくるのも、飼い主さんへの愛。

飼い主さんとペットちゃんとの愛の交換タイムです。


これを聞いている飼い主さんが、電話口で涙を流していらっしゃるのは容易に想像できることでしょう。

言葉は単純でも、そこにこもっている飼い主さんへの想いは、どこまでも深いものを感じました。こんな互いの愛を確かめ合うステキな時間を共有できて、わたしも心から感謝しています。

しかしながら、このとき、わたし自身が余計なことをしてしまいました。駆け出しで未熟だったとはいえ、とても反省をしていることがあります。

こんなに愛が深いのに、なんとか安楽死を避けることはできないものかと、わたしの私欲が入ってしまいました。

飼い主さんの許可を得ずに、ワンちゃんに思わず尋ねてしまったのです。

「おかあさんに、もう少し一緒にいられるように、頼んであげようか？」

アニマルコミュニケーターは、あくまで飼い主とペットの媒体である必要があります。決して、両者に介入をしてはなりません。意見を述べるのは、飼い主さんやペットちゃんから、それを求められた場合のみです。

もし、このワンちゃんが、「もっと生きたいの！」と伝えてくるならば、飼い主さんとペットちゃんの思いにすれ違いがあります。そういったケースであれば、わたしの提案もあながち間違っていなかったかもしれません。

けれど、この場合は、他人が入り込む余地なんてないのです。それなのに、わたしは割り込みをしてしまいました。

ワンちゃんは、こんなことを伝えてくれました。

「かあさんが、大好きなの。

だから、かあさんが決めたことがいいの。

かあさんが言う通りにしたいの。

病院や他の場所で過ごすのはイヤなの。

最期は、かあさんのところがいいの。

それが、ワタシの幸せ」

🐾

自然に死を迎えること、特に、天寿を全うした老衰が、わたしたち日本人にとっては、とても受け入れやすい死の形であると思います。ですから、家族の一員であるペットとのお別れも、「できれば老衰で穏やかに」と願うのでしょう。

わたし自身もそうです。

けれど、それがなかなか叶わないのが現代です。すると、前述のような事例も増えます。

「人為的に最期を迎える」ということには、たくさんの心理的抵抗が起こります。

自分の選択は間違っていないか？

苦しんでいるペットを楽にするという名目で、実は楽になりたかったのは、自分なんじゃないか？

他人に知れたら、何と思われるだろうか？

トラウマやカルマとして残るのではないか？

などなど……。脳内会議がますます活発になり、解決の糸口は、どんどん絡まる糸玉の奥へと消えていきます。どこかで折り合いをつける必要があります。

自然な形で最期を迎えることに重きを置くのが、日本人。けれど、お国が変われば、死生観も変わります。治癒の見込みがないのに、苦痛を味わいながら生かしておくことは、虐待であるという捉え方をする文化もあるのです。日本人には、合理的にさえ感じますが、こんな死への向き合い方も、また一理あるでしょうね。


前述のワンちゃんが伝えてくれたように、**飼い主さんが決めたら、それが正解**なのだと思います。

そこに他人の入り込む余地は一切なし！　決めたら、それが最善の選択。迷うことも、悔やむことも何もない。それが、我がコへの、そのときに示した最大の愛のカタチなのだから。

🐾

これは、治療方針の選択を迫られるときも同じです。

「手術をするのか、しないのか迷っています。このコは、どうしたいのか、それを聞きたいです」

こんなご相談もよくあります。

迷うときに、我がコの意思に従おうと思う、これもまた飼い主さんの愛ですね。

こういったケースの場合に、一つだけお約束をしていただいてから、アニマルコミュニケーションをするようにしています。

「もし、ペットちゃん自身にご希望があって、それを聞いたなら、それを必ず採用してくださいますか？　ご希望と違う選択を、勝手に採用したりしないことをお約束いただけますか？」

これらの質問に「はい」とお約束をいただける場合にのみ、アニマルコミュニケーションにてペットちゃんのご希望を尋ねることにしています。

なぜなら、ペットちゃんたちは飼い主さんを信頼しているから。頼るのは飼い主さんしかいないのに、その唯一頼りにしている人に、約束を破られるなんて悲しいと思うから。守る自信がないのであれば、聞かないほうがいいと思います。

どうしても約束を守れない状況になったら、説明をしてあげてほしいのです。「アナタの気持ちを知って、ご希望に添おうと思ったけれど、どうしてもそうはいかなくなったの」と。

アニマルコミュニケーションで我がコの気持ちを知って、手術はしないと決めたとしましょう。けれど、病状は意に反してどんどん進み、予想以上に苦痛を伴うようになってしまった。そのコも辛そうですし、見ている飼い主さんだって辛い、見ていられない。

「やっぱり手術を受けることにしよう」

こんな状況だって考えられなくもありません。そんなときは、状況と気持ちが変わったことを、再度説明してあげてください。

正直に思っていることを伝えれば、それで大丈夫です。受け入れられなかったらどうしようとか、「前に言ったことと違う！」となじられたらどうしようとか、そんな詮索（せんさく）は必要ありません。

彼らの素直さと同じ素直さでもってお話してあげてください。ちゃんと理解を示してくれるはずです。

ハートとハートで対話しましょう。きっと、一歩踏み込む、その勇気が、のちのち宝物となることでしょう。たくさんの愛の交換をしましょう。

「うちのコで幸せだった？」と聞きたくなったら…

動物たちと話をさせてもらうと、ハッとさせられることがたくさんあります。

3年という短い一生を終えたワンちゃんのお話

ペットショップから生後3か月で迎えたワンちゃん。迎えて間もなくから病院通いが始まり、3年という短い一生を終えました。

飼い主のKさんは、我がコを見送ったあと、たくさんの想いがあふれてきたようでした。

短い一生。しかもずっと体が悪くて辛い毎日。

そんな一生で、このコは本当に幸せだったのだろうか？

しかも、我が家でよかったのだろうか？

我がコの気持ちを知りたい、どう思っていたのかを確かめたくて、Kさんはわたしをご自宅へお招きくださいました。

飼い主さんは、そのときにできる最善のことを施（ほどこ）したつもりでいても、「もっといい方法があったのではないだろうか？」「施したことは本当に正しかったのか？」「その治療を我がコはどう思っていたのか？」などたくさんの疑問が湧いてきますし、確かめたくなるものです。

Kさんは、我がコの遺影の前で、ポツリポツリとお話を始められました。

「この犬種のわりには、とてもおとなしくて」

わたしがそのコから感じたのは、生まれつき体は弱かったということ。だから、活発に動きたくても体がついていかないのです。けれど、それを辛いとか悲しいとは、全然感じていません。

「ボクは、一生懸命に生きたよ。
がんばったでしょ？
短くてママを悲しませたのは、ごめんね。
ボクも、もっとママと一緒にいたかったよ。
それは、ママと同じ。
だけど、ボクはボクなりに一生懸命に生きたんだよ。
がんばったんだよ。
ママも、それはわかってくれてるよね？

とっても幸せだったよ。
ママと出逢えて、本当によかった。
すごく満足のいく一生だった。
ありがとう。またいつか会おうね。
今度は、いっぱい、いっぱい一緒にいようね。
約束だよ」

🐾

「3年の一生は短すぎる」というのは人間の固定観念。元々弱い体を持っているこのワンちゃんにとっては、15年を生き切ったも同然なのだと、教えてもらいました。このコなりに「生きるってこういうことだよ」とママに伝えにきてくれたのでしょうね。身をもって、命のお勉強をさせてくれたのでしょう。

動物たちから、学ぶことばかりです。

保護犬たちの声に耳を澄ませてみてください

多頭崩壊、ブリーダー崩壊など、日本のペット事情の裏側には、まだまだ闇の部分があるのが現状です。そんなところからレスキューをされるコたちとのコミュニケーションも、たくさんさせていただきました。

そんな保護っコたちから聞こえてくる言葉、見える光景は、時として、わたしの心に深く跡を残します。

そんな現場を感じてきたからこそ、「劣悪な環境にいるペットは不幸である」。いつしかそんな先入観からペットたちを見るようになっていたのでしょう。「そうじゃないんだよ」と気づかせてくれるワンちゃんに出逢いました。

●・・レスキューされれば幸せか？　マックくんのお話

ラブラドールレトリバーのマックくん5歳。

大型犬ばかり五頭を飼育していた男性宅からレスキューされました。

認知症を患った男性のお宅は、ごみ屋敷と化し、ご本人もとても不衛生な状況で暮らしていたそうです。それが民生委員さんの目に留まり、そこから男性とワンちゃんたちの環境は一変することになります。

その民生委員さんの旦那さまが、今回の相談者さん。その劣悪な環境を清潔に整え、ワンちゃんを保護しました。

五頭のワンちゃんのうち、一頭は男性のもとに残し、三頭の里親さんを見つけ、ご自身で一頭を引き取られました。それがマックくんです。


新しいお家は、元のお家のすぐそばです。ですから、マックくんはたびたび脱走しては、元のお家へと戻っていくそうです。それればかりでなく、新しい家族みんなには、とても友好的なのに、新しいパパさんにだけは懐かない。

「大好きなドッグランへ連れて行くときだけは、犬が変わったように喜んでついてくるけど、家に帰ってきたら、手のひらを返したようにまた嫌われる。こんなにいっぱい愛情をかけてるのに、なんでなんや？」

パパさんは、半ばあきれ顔。パパさんから伺った内容だけでは、嫌われる理由に、見当も付きません。マックくんなりの理由があるに違いないのです。

マックくんは教えてくれました。

「お父さんと他のみんなと一緒で楽しかった〜。

お父さんはかわいがってくれたよ。

だけど、あるとき、男の人（今のパパさん）がやってきて、みんなをバラバラにしちゃった」。

わたしは、ハッとしました。

必ずしも、環境が劣悪だからといって、飼い主さんから愛情を注がれていないわけではないということ。**住環境よりも心の環境が整っていたほうが、幸福感が高いこともある**ということ。見た目だけで判断をしてはいけないということ。

マックくんから、こんなことを学びました。

固定観念から知らず知らず、「○○に違いない」と価値判断を下してしまいがちな、わたしたちの思考。その思考にとらわれて、ペットたちを見ることは、時としてペットたちの感情を逆なですることもあるのだと思い知らされました。

「そんなひどいところから救い出されたなら、今は幸せに違いない」。

それは人間目線での幸せです。

マックくんにとっては大好きなお父さんと仲間たちとの幸せな共同生活だったのです。それなのに見知らぬ男性が介入してきて一家離散の状態。それは、決してうれしい出来事ではありませんでした。さらに、その見知らぬ男性が、新しい飼い主さんなのですから、マックくんの気持ちは、さぞかし複雑だったことでしょう。

そして、マックくんは、さらに教えてくれました。
新しいお家が嫌いなわけではないそうです。
もちろん、前のお家も変わらず好き。

「どっちもいい！　どっちが好きで、どっちが嫌いというわけじゃないんだよ」

こんな言葉が聞こえてきたのです。

「うんうん。そうだよね。マックくんにとって、前のお家もよかったんだもんね。
どっちが好きも嫌いもないよね？」

マックくんの言い分に相槌を打ちながら、パパさんにお尋ねしました。

「もしかして、あなたの考え癖の中に、白黒ハッキリさせたい、とか、良い悪い、正しい間違いと、価値判断を下すような一面はありませんか？」

そうしましたら、大いに心当たりがあると素直におっしゃいました。

「仕事柄、そういう価値判断をすることは多いです」と。

「マックくんは、白と黒、どちらかだけの世界ではなく、その間のグレーな世界もあるんだよ、どっちでもいいということもあるんだよ、そんなことを教えてくれているのだと思いますよ」

そうお伝えしましたら、翌日、こんなお返事をくださいました。

「愛犬のマックと出会ってから1年半になりますが、どうしても僕だけに懐かず、ほんと『なんなんやろ?』って落ち込んでました。

いっぱい話しかけたり、いっぱいの愛情でほんと一生懸命に接してもどうしても僕だけにダメでした。別の人にですが3回セッション受けてます。内容は、ほぼほぼ理解してたのですが、あと少しのことがどうしても分からず……。

『合わせ鏡』『飼い主(僕)のなにかを変えればマックも変わる』

『マックはそのメッセージを伝えるために僕の家に来た』
という部分がどうしてもそれが何なのか？　理解できてませんでした。
悩んでてもしょうがないので勇気を出して先生にお願いしました。
白と黒、良い悪い、正しい間違いの二極に決め切るのではなく
ものの見方や価値観、世界観は1人ずつ違う！
混沌としたグレーの世界であってもよい！　ってことを教わりました。
ほんと仕事柄、白と黒、すばやく人の気持ちも考えずに生活していたことなど、
心当たりあることいっぱいです（大汗）。
やっと気づきました。マックと先生を通じて知ることができました。
今後の人生、自分のためにも周りのみんなのためにも、それらを意識しながら
生活していきます。周りのみんなが幸せになるように。
ほんとありがとうございました。」

マックくん、本当にいい仕事をしてくれました。パパさんにも、わたしにも。

パパさんは、「そういう考え癖を自分が持っていることを、自分で見つめていきます。りこさん、ゆっくりでいいですよね？」とおっしゃいました。

「ゆっくりで十分ですよ。気づくことが大切ですから。マックくんは、それを伝えるために、あなたのところへやって来たコですから」。

🐾

「悪いところを直しなさい！」と、申し上げているわけではありません。彼らが示す行動は、飼い主さんに何かに気づいてもらいたくて起こしている行動です。飼い主さんが困れば困るほど、強くサインを出しているだけなのです。

気づくだけでいい。

ただ気づくだけで、純粋な心を持ったペットたちは、変わり始めます。

発しているメッセージを、飼い主さんが素直に聞いてくれたなら、それは彼らにとって至福の喜びとなります。

ペットたちの声に耳を澄ましてみませんか？

動物たちは、過去でも未来でもなく、今ここを生きている

こんなケースがありました。
保護前はどんなところにいたのかを、細かく確かめたくなった飼い主さんへの元保護犬の声です。

「かあちゃん、もう、いい加減にしなよ！
目を覚ましなよ！
もう、そんなことはどうでもいいじゃん！
今、ボクは、かあちゃんと一緒に暮らせて幸せなんだよ！
昔のことを思い気遣ってくれる気持ちはありがたいよ。
どれだけ辛かっただろうと思ってくれる、その気持ちだけで十分なんだよ。

前の飼い主が、どんな環境で、ボクをどうやって飼っていたのかって？
そんなことをいちいち知ってどうなるの？
その人を恨むかあちゃんなんて、ボクは見たくない。
ボクは、今、かあちゃんとの暮らしをとっても気に入ってるんだ。
それでいいじゃない？」

里親になった飼い主さんであれば、前はどんなところでどんな気持ちで過ごしていたんだろう？　そう思うのは自然なことですよね？　それは、新しい飼い主さんとしての優しさです。しかも、「劣悪な環境にいたようだ」と耳にすれば、「こんなかわいいコを辛い目に遭わせた人って、いったいどんなヤツなんだ⁉」と怒りがふつふつと湧いてくるかもしれません。
わたしも、ペットだけではなく自然動物たちも含め、命が切り取られていく様子を目の当たりにするとき、どこにも向けようのない怒りが湧いてくることがあります。けれど、動物たちは、それでもなお、「今」を生きます。その状況の中でも、やはり、今を懸命に生き抜こうとしますし、その運命さえも受け入れます。

もう終わった過去のことに対して、自分に関わる人間同士が、いがみ合うことを決して動物たちは望んでいないと思いませんか？

人間の思考とは違い、動物たちは、とてもシンプルに生きています。彼らから純粋さを感じるのはそのためです。

過去にトラウマを抱えているコでも、今の飼い主さんのたっぷりの愛情で、辛い過去はたちまち癒されていきます。過去の重荷よりも、今の愛情のほうを選択します。

人間のように過去の出来事にとらわれて、妄想をどんどん膨(ふく)らませるような思考システムを持たないのです。**彼らにとっていちばん大切なのは、「今」です。**過去を憂うことなく、未来に不安を抱くこともなく、今この瞬間を生きています。今を生きるペットたちは、今この瞬間に意識を集中し、今の幸せに感謝することを教えてくれます。

日常生活の中に転がっている些細(ささい)な幸せに「ありがとう」という気持ちが持てるなんて、ステキだと思いませんか？　やはり、ペットは飼い主の教師ですね。

あなたを選び、ペットという存在を選んでやってきました

動物たちの中でも、とりわけペットという存在を選んでやってきた魂には、「ご苦労さま！」こんなふうに声をかけたくなります。

だって、飼い主のためにわざわざやってきてくれた魂なのですから。飼い主さんを幸せにするために、全身で寄り添ってくれるのがペットたち。とにかく健気。

わたしたちアニマルコミュニケーターは、その無償の愛をハートでひしひしと感じます。時にじわりと温かい涙がにじむこともあります。アニマルコミュニケーションをやっていてよかったと至福を感じるときでもあります。

落ち込んでいるときに、そばに寄ってきて、そっと体の一部をゆだねられたことはありませんか？　まるで「ママ、大丈夫だよ」と言っているかのように。

「ママ、どうしたの？」とお顔をのぞき込んできたことはありませんか？「一緒にいるよ」って。

「本当にわたしの気持ちをわかってるみたい」。多くの飼い主さんから聞かれる言葉です。本当にその通りです。飼い主の楽しいことも、辛いことも、全部、一緒に感じてくれるのがペットたち。ありがたい存在です。

ペットは、とにかく飼い主の心が笑顔なら幸せです。

もし、「このコ、家に来て本当に幸せなのかしら？」そんな疑問が頭をよぎったら、この言葉を唱えてみてください。

「わたしが幸せならこのコも幸せ」

そして、鏡の中のご自分に問いかけてみてください。

「あなたは幸せ？」

その答えが、あなたのペットからの答えでもあります。

もし、「もちろん幸せ！」と即答できなくても、心配する必要はありません。

ペットちゃんがあなたを幸せの道へと誘（いざな）ってくれます。これから一緒に幸せの旅へと出かけられるチャンスです。ペットに進むべき方向を尋ねてみてください。

「ママはどうすればいいかな？　教えて」

ペットたちはお役目をもらえることが大好きです。お望み通り、あなたを幸せへと導くきっかけとなってくれます。その旅のプロセスを楽しんでください。

ただし、そのきっかけとなる出来事がうれしいことばかりとは限りません。中には、ペットがこの世を去ったことがきっかけで、大切なことに気づき、結果的にそれが幸せへの道筋となったという方もいるのです。


「ペット」というお役目を選んで地上にやってきた動物たちの魂は、飼い主を幸せへと導くためにやってきます。自分の命をなげ打つことだっていとわない、とても崇高な魂です。野生動物ではなく、「ペット」を選んだ彼らのお役目をしっかりと地上で果たさせることも、飼い主の責任ではないかと、わたしは考えています。

ですから、ペットが伝えてくれるメッセージに、素直になって、心の耳を傾けましょう。その声こそが、あなたを幸せへと導くメッセージです。

あなたのペットは、あなたとしかつながれないシステムがあるのです。 これまでのコも。これからのコも。魂のご縁を大切にしましょう。

さぁ、愛しの我がコと一緒に、もっともっと幸せになりましょう。

人間は、この地上に愛を学びにやってきています。

そして、その愛を教えてくれるのが、ペットという存在を選んでやってきた動物たちです。ペットたちは、それぞれお役目をになって飼い主さんのもとへやってくるのです。

第2章

ペットたちのほんとうの気持ちと出会う

――動物たちの声に耳を澄ませてみませんか？

言葉のエネルギーから、人間が話している内容がわかります

「人が話している内容なんて、ペットにわかるはずがない！」

と思っていませんか？

いいえ！　わかります！　確かに、人間同士が会話をするように言葉を細かく理解しているわけではありませんし、理解度は動物の種類にもよります。

「おすわり」や「ふせ」などのコマンドの話をしているわけではありません。

あなたのペットちゃんの仕草から、

「もしかして、このコ、話がわかってるんじゃない？」

そんなふうに感じたことがあるのなら、理解しているのだと思います。

動物たちは、言葉のエネルギーを感じています。

言葉には、言霊が宿ると言われます。言霊は言葉に乗ったエネルギー。ペット

たちは、そのエネルギーを聞き取っているのです。

こんな例がありました。

体調不良で呼吸も苦しそうな猫ちゃん。獣医さんにも、先はそう長くはないと告げられたそう。どんどん酷くなる姿を見かねたご家族は、「辛い状態が続くようなら、安楽死も考えないと」と話し合ったそうです。

その翌日、その猫ちゃんは静かに息を引き取りました。

「聞こえてたんでしょうね」

飼い主さんは、そうおっしゃいました。

その猫ちゃんは、飼い主さんが決断を下す前に、自ら決めて逝ったように感じました。なぜなら、飼い主さんは安楽死を選択することを、とても迷い悩んでいましたから。

飼い主さんが苦しまないように、猫ちゃんなりの思いやりだったのでしょう。猫ちゃんが「安楽死」という言葉を理解しているわけではなくて、ご家族みんなが交わす**言葉の雰囲気を感じ取っている**のです。

動物たちは、人間のような言葉を持たない代わりに、感じるチカラが抜群です。よく知られているのが、離れた場所から家に帰ってくるという帰巣本能。渡り鳥たちも、翼にナビゲーションシステムを搭載しているのではないかしら？　と思いたくなるほど、季節ごとに同じ場所を移動できますよね。

蛇の中には赤外線を感じ取ることができる種類もいます。人間には見えない暗闇の中で遠くにいる獲物の体温を感知できるのです。そもそも、人間の感覚器官と、動物各々の感覚器官とは違うのです。

ペットとして人間生活の中にどっぷりと浸って、人間寄りの生活に慣れている動物だとしても、彼らの感じ取る能力は、人間とは比べ物になりません。

人間の感覚でのみ、動物たちを見ていると、思い込みにとらわれたり、彼らを勘違いしたまま捉えたりしてしまいます。ぜひ、動物の立場に立ったとしたら、「何をどう見て、どう感じているのだろうか？」と想像してみてください。それが相手に対する優しい思いやりにもつながりますね。

「一匹だと淋しくてかわいそう」と思い込んでいませんか？

もし、多頭飼いを考えるなら…

「お留守番が長いので、ひとりじゃ淋しいと思ってもう一頭を迎えました。ところが仲が悪くて、お留守番のときには別のお部屋で隔離しなければなりません。一緒にして出かけるなんて、怖くてできません。何が起こるかわかりませんから。これでは、何のためにもう一頭をお迎えしたんだか……」

「同じ犬種、同じ毛色を迎えたのに、性格が白と黒くらい違う！」

理想と現実の狭間で、大きく期待を裏切られたような気分になってしまう。こんなケースが少なくありません。

どちらのコも同じようにかわいがっているつもりなのに。なにが、そんなにお互い気に入らないことがあるのか……。なにか間違っているのかもしれないと思い煩(わずら)う、心優しい飼い主さんもいらっしゃいます。


飼い主さんは、愛しい我がコのために、良かれと思ってやっています。だけれど、時には、その我がコの思いと、ちぐはぐなこともあるのです。

たくさんのコとワイワイ賑(にぎ)やかな環境が好きなコもいれば、飼い主さんの愛を独り占めにしたいコもいます。

飼い主さんの愛を一身に受けたいのに、ある日突然、見知らぬコがやってきて、

「今日から新しいコが来たよ。仲良くしてね！」

と告げられたら、どうでしょう？

愛しのダーリンが、突然、愛人を連れてきて、「二人で仲良くしてね！」って。それくらいのショックです。愛人さんは、自分が二番目だってわかっているのだからいいでしょう。けれど、先住さんの気持ちは怒り、嫉妬、悲しみ……。

「わたしがいるときはいいんですけどね、いないと大ゲンカになるんです」

それは当然のことだと思いませんか？

飼い主さんが良かれと思っていることが、ペットには迷惑、ということはよくあります。先住のペットちゃんを含め、ご家族みんなでよく話し合ってみてください。


「なぜ、もうひとりほしいの？」

「なんのために、もうひとり迎えるの？」


その本当の理由を自分に問いかけてください。

「淋しい」というのは、本当にそのコから聞いたことですか？

もしかしたら、あなたが「淋しかろう」と憶測したのではないですか？

淋しいのは、もしかしたら、あなた自身かもしれませんよ。

新しいワンちゃんを迎え入れる前に、こんなことに気づかれた方がいらっしゃいました。


パパさんが、新しいコをほしがるのだそうです。

今のコは、体調不良を抱えており、ママは手作り食や自然療法など、あらゆる解決法を試されて、症状も緩和し、それをキープしている状態。

パパさんは、そういった療法には初めはとても懐疑的でいらしたそうです。

けれど、明らかにワンちゃんの体調が改善していくのを目の当たりにし、その結果を認めざるを得ません。すると、どんどんママの手に委ねられていきます。

反比例して、パパさんの出番がどんどんなくなってしまいました。

パパさんは、淋しかったのでしょうね。ご自分が手をかけられるコがほしかったのですね。

こういう状況下で、新しいコを迎えると、先住犬VS新参犬になりかねません。

まるで、パパVSママのように。

そこで、まずは、パパとママが協力し合いながら、今のコのお世話にパパさんもできる限り介入するというスタンスを確立させることをアドバイスしました。パパとママの円滑なコミュニケーションの復活からスタートです。

その上で、やはり新しいコを迎えるということであれば、もう一度、そのときに検討してみましょうということになりました。

その結果、新しいコを迎えるお話は、具体的に進んでいたのですが、立ち消えになったそうです。パパさんの心が満たされたのかもしれませんね。

🐾

このケースのように、先住犬にとっても新しいコにとっても、安心な環境を作ることをまずは考えてみませんか？
もし、すでに新しいコを迎えることが決まっているのなら、先住のコに尋ねてみてください。そして、新しいコを迎えることを何度も伝えてください。
アニマルコミュニケーションでは、新しく迎えるコの性格や好みもわかります。新しいコがまだまだ幼くても、持
先住のコと新しいコとの相性もわかります。新しいコがまだまだ幼くても、持

ち前の気質はわかりますから、大きくなったときの予測が立ちます。

そうすれば、冒頭のような落胆した気分にはならずに済むでしょう。


すでに難しい関係性にお悩みであっても諦める必要はありません。「仲が悪かった二匹」というレッテルを貼られたまま一生を終えてほしくないのです。

たとえ、アウトドア派とインドア派くらい違っても、それぞれのタイプに合わせて接してあげてください。


そもそも、イヌという動物は群れを作る動物ですので、基本的には、多頭でいることは可能です。

しかしながら、イヌではなく、ワンちゃん。つまりペットとして飼われるようになり、母犬の妊娠出産の環境や仔犬の生育環境は、自然からはかけ離れています。そして、やはり個体差は大きいです。

多頭飼いとなれば、どうしても飼い主さんの愛情をシェアすることになります。あからさまに焼きもちを焼かなくても、遠目でジト〜っと、他のコが飼い主さんと仲良くしているのを見ている姿に、ハッとした経験をお持ちの方もいらっしゃるのではないでしょうか？

看病や介護でお世話がかかるコと一緒に暮らしているコは、「仕方ないから」とその状況を容認していますが、やはり心の隅で「いいな〜」と思っているコもいるものです。もちろん独立心旺盛なコもいますので、一概には言えませんが。

アニマルコミュニケーションで、それぞれのコの気持ちを聞いて、みんながうまくいくように折り合いをつけていくことも可能です。ペットちゃんたちのご希望と、飼い主さんの要望を、うまく擦り合わせてみてください。

ペットちゃんたちに代替案を提示して交渉してみるのもいいですよ。互いに歩み寄り、合意に達することができると、心地よく過ごせるようになるでしょうね。

賢くて愛情深いコだと、飼い主さんの気持ちを思いやって、飼い主さんの意向に全身で添おうとします。

「ママがいいなら、それでいい」

なんて健気なんでしょう。ペットも我慢をするのです。

うまくいかない原因は必ずあります。

それが、どうしても生理的にイヤなんだという場合だってあります。「ニオイが嫌なの」というワンちゃんの声を聞いたことがあります。体調不良で実際に臭いが出ているのであれば、それを改善してあげることで対処法になるとは思います。二頭の間に障壁があり、それをニオイと表現しているのなら、その障壁を解消してやることで、対処法になることもあるでしょう。

いろいろ試したけれど、どうしても、そりが合わないことだってあります。そこは人間だって同じ。だったら、そのような関係なのだと認めて、そのように対処してあげてください。何も対処をされずに、ただ「仲良くしてほしい」というのは、彼らの気持ちを想うとどうしても合点がいかないのです。

ペットたちが「勘弁してよ！」と言うのも、飼い主さんには申し訳ないのですが、「そうだよね……」と、彼らに半肩担ぎたくなります。

彼らの心の叫び声を聞いてやってください。

ただ、多頭の場合、魂のつながりを感じるほど、仲良しのコも実際にいます。

飼い主さんが先住のコを優先させるので、最初は、先住のコが優位にいることが多いでしょう。上下をつけたいコもいれば、そうでもないコもいます。上位をキープしているようなコでも、下のコたちが競争心が激しくて上位を狙うようですと、バトルが起きたりすることも。

そのときに、年齢を重ねて上位を保てなくなってきたコ。明らかにバトルが繰り広げられなくても、気持ちが沈むようなコもいます。だんだん自分のカラダがついていかなくなっていることを悲しむのです。

二頭であまりに仲良く、バランスを取り合っていると、一頭がお空へ還ったときが大変です。ワンちゃんも喪失の哀しみを抱えることがあります。

バランスが崩れてその後、すぐに逝ってしまうこともあるのですよね。

ワンコのペットロスとでもいうのでしょうか……？

猫は独立心が強いので、あまりこういったケースはないようですが、ワンちゃんの場合は、とても悲しむコがいます。ただし、飼い主さんの悲しみを投影して悲しんでいるケースのほうが多いようですが……。

犬にお友達は必要か

ズバリ、答えは、その犬によります。

犬種、生育環境、年齢、性別、飼育環境、家庭環境、飼い主さんの性格・気質など、さまざまな原因で、お友達がつくれるコとつくれないコがいます。


公園で「お友達なの〜」は、大抵は、飼い主さん同士がお友達なのです。

それを知っているワンちゃんは、飼い主さんが楽しそうにしているから安心しているこ と、そして、よく会うことで慣れていることがお友達になれる理由です。

あとは、男子同士だとバトルが始まるのは、人間にも似た一面を見ますよね？

どんなところでも穏やかで友好的な犬の家庭教師のようなコもいれば、わたしの愛犬、小雪のように女王様気質で誰も寄せ付けないコもいます。気質は、いくら話をして諭しても変えることはできません。わたしたちが持って生まれた性格があるのと同じです。本質の部分を変えられませんよね？

きょうだい同士でも、仲良くできないこともあるんです

仲良くできない原因は様々ではありますが、こんなケースがありました。

3歳違いのトイプードルの姉妹。
毛色も同じ、レッド。背格好も本当によく似ています。
この二頭が仲良く遊ぶ姿を想像するだけで楽しそう。なのに、それが叶わない。
仲が悪くて、ママがいないと一緒の空間に置いておくことができないのだとか。
それは飼い主さんもがっかりで淋しいことだと心中をお察ししました。
そこで、一頭ずつの気質を拝見しました。
お姉ちゃんは、まったりゆったりのインドア派。ママのお膝が大好物です。

一方、妹ちゃんは、とっても活発なアウトドア派。お姉ちゃんと遊びたくて仕方ありません。ただただ遊びたいだけ。お姉ちゃんにお誘いをしてみます。けれど、お姉ちゃんは、ゆったり自分のペースを守りたいのです。お誘いは、ちょっかいを出されているようにしか感じません。

ウザイ!!

互いの好みが、まるで正反対。ある意味、美しいと感じるくらい、きれいに真逆なのです。

そして、ピン！　ときました。

これは、飼い主さんの内面と外面を表してくれているのだと。

ママは、とってもおしとやかで、どちらかというと内向的で口数が少なく静かなタイプの方にお見受けしました。まるで、お姉ちゃん犬のようです。

一方、ママの内面に、もっともっと自己表現をしたがっているような、もう少し本来お持ちの活発な一面も表したがっているような、そんな感じをお見受けしました。そして、後者のこの一面をデフォルメしているのが、妹犬だと感じました。

姉妹の二頭で、ママの二面性を表現してくれていることに気づいたのです。

自分が知らなかった自分を知り、統合していく。

埋没している心の声に気づいて、認めて、受け入れる。

自由に自己表現をせずに、ついつい他人に合わせて控えてしまうような。

自分の気持ちを後回しにして他人を優先させてしまうような。

そんな一面が、心を縛って窮屈になっていることに気づきました。

飼い主さんは、素直に二頭からのメッセージを受け取り、少しずつ自分の気持ちを優先にすることを心がけました。そうすると、徐々に心がほぐれていったのです。心が軽く楽になっていかれました。

そんなママの心の状態に比例して、姉妹の仲たがいも落ち着いていきました。

当初期待していたような、すっごく仲良しでいつも一緒に遊ぶというわけではありません。ですが、お顔を見合わせればガウガウしてしまうような状況は収まったそうです。

この二頭から学ぶことは、「自分の中に隠れている一面に気づいて、それを表に出していきなさいよ」ということでした。この二頭の仲たがいはサイン、お知らせだったというわけです。

このケースのように飼い主さんお一人の内面を、二頭が投影していることもありますし、親子やご夫婦の関係性を二頭が手分けして表してくれることもあります。

ケンカが多い二頭のワンちゃんの関係性が、そっくりそのままご夫婦関係だったということも実際にありました。

いずれにしましても、仲たがいの根本原因は、ワンちゃんたちにあるのではなく、人間側にあったということです。

「仲良くしなさいよ〜」

二頭のワンちゃんに言い聞かせたところで、もって3日です。4日目には、また険悪なムード。だって、臭いものに蓋（ふた）をしたまま、消臭剤を撒（ま）いても、また臭うのです。蓋の中にある臭いの発生源を捨てたら、もう臭わない。こんなケースの場合は、それが解決へのいちばんの近道です。

このケースのように、ペットの行動が飼い主さんの気づきへの導線となり、飼い主さんがより楽しい毎日を送られれば、ペットも楽しい毎日を過ごせることでしょう。

🐾

「ワンワン吠えてうるさい犬」のままなのか、「ワンワン何かを教えてくれる犬」なのか、目の前の状況は何ら変わらなくても、飼い主さんのものの見方や捉え方一つで、その後の状況が大きく変わると言っても過言ではありません。こんな視点を持って、きょうだいゲンカを観察してみませんか？

ペットたちにも決め言葉がある

我がコへの言葉がけは、どうしていますか？

「かわいいねぇ〜〜〜」と言葉をかけていますか？

それとも「カッコいいね！」と言っていますか？

あるいは、「キレイね！」と伝えていますか？


「ねえねえ、りこちゃん、ボクのお首、見て〜〜」

にゅっと首を長くして、首筋を差し出すカメさん。

「お首の柄、きれいね〜」と伝えると、「でしょ！」と、とってもうれしそう。

「そっかぁ、カメさんたちは、ひとりひとり、甲羅の柄も違うんだったね。アナタの甲羅、とっても清潔で、柄も美しいわ〜」

このカメさんは、オトコノコでしたが、どうやら美の価値観がとても高そうでした。ママが、ガーゼで甲羅をきれいに拭いてやってるんですって。きっと、ママもきれいなものがお好きなのだろうなと感じました。


「うわ〜。おしっぽフサフサで立派！　いいわね〜〜」

と伝えた猫ちゃんからは、こんなお返事が。

「うふふ、ありがとう。このおしっぽがワタシの自慢なの」

「へぇ〜、そうなのね。だって、とてもステキだもの〜」

こんな会話が猫ちゃんとできるなんて、楽しくて仕方ありません。


ピンと立った立派なお耳が自慢のワンちゃん、首まわりのフサフサのエプロンがチャームポイントだと教えてくれるワンちゃん。

みんなそれぞれに指摘されてうれしい場所、言われたい言葉があるのです。


チワワのオトコノコ。

2キロにも満たない小さな体でも、気持ちは立派なダンシです。

でもママは「かわいいねぇ〜〜」と目を細めてナデナデする。扱いはまるでオンナノコ。ママのやってくれることは、全面的に受け入れている様子だったけれど、ママから本当にかけられたい言葉は「カッコいいね！」。

見た目はかわいらしい小さな体のチワワさんでも、オトコの血が流れています。「オトコ！」に価値観が高いコには、やはり「かわいい」ではなく「カッコいい！」がヒットします。

もし、「うちのコにヒットする言葉がズレているかしら？」と思ったら、言葉を変えたり、褒めポイントを探ってみてください。

ヒットしたら表情が変わるのがわかります。たとえツンデレさんでもね！

女王様気質の女のコとのお話

以前、こんなことがありました。

シーズー犬のママさんからのご依頼です。

「はじめまして！　こんにちは！　りこです！」

お電話でセッションが始まり、ご挨拶も早々に、飼い主さんからこんなお申し出が。

「りこさん、すみません。先に謝っておかなくてはなりません。うちのコ、もしかしたら、何にも話さないかもしれません。実はこれまで何人かのアニマルコミュニケーターさんにお願いをしてきたのですが、ことごとくダメでした。全然話してくれないそうです。先日は、お申し込みの段階でお断わりをされてしまいました」と残念そうにおっしゃるのです。

のっけから謝られて、何事かと思ったのですが、飼い主さんにしてみれば深刻なお悩みだったのでしょう。ワンちゃんの問題解決をしたくて、アニマルコミュニケーションに託したかったのに、頼みの綱が切れてばかりではね。

「そんな経緯があるなら、今回もダメかもと思いますよね？　まずはお話ししてみますね。もし、本当に何もわからなければ、料金はいただきませんから。でも、これまで何一つわからなかったということは一度もないので、安心してくださいね」

そうお伝えしてセッションが始まりました。

目の前に現れたのは、クリクリお目目のとってもかわいらしいオンナノコ。思わず、

「きゃ〜　アナタとってもかわいいわね〜〜」

とわたしの口が勝手に話し始めてしまいました。

「みんな、アナタを見て、かわいいって言ってくれるでしょう？」

わたしの頭の中から、さっき聞いたばかりの飼い主さんの気がかりなんて、すっかり飛んでおりました。だって、本当にかわいいと思ったんですもの。

そうしましたら、

「えぇ、そうよ〜　お父さんなんて、もうワタシにメロメロよ！」

と言うではありませんか⁉

「でしょうね〜。本当にかわいいもの。そりゃ、お父さんはメロメロよ〜」

すました自慢げなお顔で、

「それでね、お母さんは、ちょっと離れたところから、そんなワタシたちを見て、うらやましそうにしているわ」

あれ？　このコ、しゃべらないんじゃなかったっけ？

飼い主さんに、

「すみませ〜ん。すごくおしゃべりしてくれますけれど」

と慌(あわ)ててお伝えしました。

「あぁ、よかった」

とても安堵されたと同時に、高笑いされました。

「りこさん、ほんとそうなんです。このコ、お散歩に出かけても、会う人会う人、みんなにかわいいでしょう？　とアピールするんです。お父さんがメロメロというのもその通りです。そんなふうにしゃべってくれたんですね。よかったぁ」

飼い主さんから、「やっと声が聞けた！」という喜びが伝わってきました。

このワンちゃんには、わたしから女王さま歴代ナンバー１の称号を差し上げています。

「そう簡単に、誰とでも話してたまるもんですかっ！」

と女王さまはおっしゃっていました。けれど、決して、わたしにしか心を開いてくれないというわけではないと思うのです。たまたま、わたしの第一声が「かわいい！」だったので、その言葉にヒットしたのだと思います。

女王さまワンコさんは、相当数おられます。なかなか容易にペラペラとはいきませんが、かといって、絶対に話してくれないというわけでもありません。

そのコのトップバリューを見出して、そこに会話の焦点を向けてみてください。さすがの女王さま方も、思わずお口がほころぶようです。

ちなみに、この女王さまに、

「ママが、お散歩のときに、なぜ端っこを歩いてくれないの？　って聞いてるよ～」

とお尋ねしましたが、回答は、すでにみなさんのご想像通り。レッドカーペットでもご用意すれば、お喜びいただけるのではないかしら？　と思いました。

飼い主ロスになるペットたち

ペットロスは、飼い主がペットを失って哀しみの感情に打ちひしがれるもの。
飼い主ロスは、ペットが飼い主を失って哀しみを抱える上に、路頭に迷うもの。
主体が入れ替わっただけのようにも思いますが、その事情は丸きり違います。

ある日、突然、飼い主の姿が見えなくなる。
誰もいなくなる。

あなたがペットの立場だったら、どうでしょう？
なぜ、いなくなったのか、その理由もわかりません。
飼い主が、どこへ行ったのかも、わかりません。

帰ってくるのかどうかも、わかりません。
なにもわからないいまま。
そこにある事実は、一つ。

ひとりぼっち。

「どうしたらよいの……？」

飼い主ロス、現代社会が抱える問題の一つです。
高齢者の方でなくても、誰にでも、万一のことがあります。あってほしくはないけれど、明日、飼い主の身に何かがあったとしても、それでもなお、ペットの飼育環境は保証されているかどうか。ペットを迎える時点で、そんな後々のことまでしっかり考慮されることを願っています。

飼い主を突然襲った不幸により、途端に生きる術がなくなるペットたち。

行き場をなくし、保護団体へ……。そんな里親募集記事を見るたびに、「本当に身寄りはないのだろうか？」と詮索（せんさく）してしまいます。

もし、同居家族がいないとしても、ご親族の方、できれば飼い主さん本人が信頼していた方のもとで暮らせないのだろうかと想いを馳せることもしばしばです。

ペットにとって、住環境が変わるというのは、人間以上にストレスを感じます。飼い主ロスの場合は、大好きだった飼い主さんを失った上に、大抵は理由も何も告げられずに新しい環境を余儀なくされます。そんな彼らの気持ちを置いてきぼりにしたまま、人間の都合で移動させられるのは気の毒でなりません。

せめて、**彼らにわかりやすく丁寧に状況の説明をしてあげてください。**

「アナタと一緒に暮らしていたお父さんは、いなくなったのよ」と。

人に伝えるなら、あまりにストレートな物言いかもしれませんが、動物たちは大丈夫。言葉の音そのものを聞き取って理解するという人間のシステムとは違うシステムで、その言葉の意味を理解しますから。

それよりも、**伝える人が、そのコに向けた愛を充満させて、愛そのものになって伝えてあげれば、それは愛の言葉になります。**

彼らは、飼い主さんと離別なのか、死別なのかも、理解できます。

飼い主さんが、健康を損ない病院や施設に入られたのであれば、それも繰り返し、丁寧に伝えてあげてください。

ご帰宅できそうにもない状況であれば、それも伝えてあげてください。

特にワンちゃんは、期待して待ちますから。

死別なのであれば、「お空へ行ったよ」と伝えてあげてください。

彼らは人間よりも死生観をしっかりと持っていますから、理解できます。

そのあたりは、人間よりも素直に早く受け入れるでしょう。

そして、彼らの哀しみなどの感情に寄り添ってあげてください。

ペットのためのカウンセラーになるのです。ゆっくり繰り返し、何の疑念も抱かずに、言葉が出てくるに任せて伝えれば、ペットたちには伝わります。人間よりもずっと純粋で素直な彼らの心は、受け取り上手です。

もし、ご自身では難しさを感じたなら、信頼のおけるアニマルコミュニケーターさんに依頼をされるとよいでしょう。まずは、状況と今後の流れを伝えてもらい、そして、彼らの気持ちを癒してもらってください。


動物たちは、〝今〟を生きます。

人間ほど、過去にとらわれることはありません。

一時は、大変かもしれませんが、未来は必ず明るいです。

それを信頼しましょう。


ただ、飼い主さんに家族がいるのに、面倒をみられないからという安易な理由で里子に出すのは最終手段として取っておきませんか？　まずは、飼い主さんのご親族が後見人となれないのかどうかをご検討いただきたいものです。

終生、命に責任を取るという観点を大切にしても、人によって、その責任の取り方は千差万別でしょう。

新しい家族を見つけてもらい、里親さんにゆだねることで、責任を果たしたと感じる方もいらっしゃるでしょう。

費用をしっかり支払って、終生、施設で面倒をみてもらいながら、面会時にはこれまでと同様に接する。そういうことで、責任を果たしたと感じる方もいらっしゃいます。

殺処分にならないだけでマシだという考えも、また正解ではあります。

いずれにしても、飼い主さんのもとを離れなければならない事実は共通です。わたし、一個人の意見としては、どの形を取ろうとも、**まずはそのコの気持ちを大切に扱ってほしい**と思うのです。

飼い主さんも、ペットちゃんも、互いに願っていたことは、ずっと一緒にいたかったであろうということ。もし、飼い主さんが他界されたのであれば、残されたコは、ご故人の忘れ形見です。何よりもご故人の想いが詰まっていることでしょう。その忘れ形見を大切にすることで、ご故人を尊重することにもつながるのではないでしょうか？

きっと、天国からご遺族に向けて、感謝の気持ちを送られると思います。

猫の会議の議題は…

「家にいるのがそんなにイヤなのかしら？」

ゴハンのとき以外は、お外で過ごすことが多い猫のみぃちゃん。

ママは、「何か気に入らないことがあるのでは？」と、ご心配の様子。

ママに飛びかかってくることもあるそうで、「改善する必要があるのなら、すぐにでも取り組みたい」とのことでした。


みぃちゃんを感じると、お星さまがたくさんのきれいな夜空が浮かんできました。星を眺めるのも、空を感じるのも大好きなんだとわかりました。

「家が嫌いなのではなくて、お外が好きなのね。

だから、お家にはゴハンを食べに帰ってくるだけなの？」

そう尋ねてみました。すると、みぃちゃんは、「ついていらっしゃい」と言わんばかりに、スタスタと歩き始めました。わたしは、その後を静かについて行きます。

草丈50センチほどのイネに似た雑草が生い茂る草むらへと入って行きました。

気づいたら、わたしも人間の姿は保ちつつ、猫サイズに化けておりました。

みぃちゃんの後を猫サイズになったわたしがついてゆく、そんなシーンをイメージしていてください。

みぃちゃんが行く先を見失わないようについて行きます。

草むらの中に、猫ドアサイズの見えないドアがあります。

そこを抜けると、猫の会議場でした。

十二匹の猫が集います。

わたしは、その議場の一番後ろで、身を縮めながら体育座りをしました。

猫の会議。

「うわさの猫の集会というやつか…？」
どんなお話がされているのか、期待で胸がふくらみます。
「ウチの飼い主、アレソレドウノで、困ってるんだよ〜。
こういうときは、どうしたらいいもんかね〜」
なんて、飼い主のお悩み相談でもしてたら、めちゃくちゃ楽しいわ〜♪
そんなことを思いながら、耳を澄ませてみました。
「期待はくじかれる」という法則は、ここでも例外ではありませんでした。
猫議会の議長さんらしき、大きなキジトラのオス猫が話していました。
どうやら、わたしたちは、会議の途中からの出席のようです。

最近の雨で、いつもは通れた溝に水が流れておる。
仔猫を連れた猫母さんは、特に気を付けるように。
続いて、小屋脇の通路について。
オヤジさんが、トタンを置いて、通れなくなった。
迂回する必要があるので気を付けるように。

猫たちは、こうして情報を共有し合って暮らしているのですね。

猫社会も、なかなか高度な情報システムがあるようです。

わたしの期待とは大きく反して、この日の猫の集会は、安全会議だった模様。

まだまだ続きがありそうでしたが、残念ながら時間切れ。この世の時計は、着実に時を刻んでいます。猫の時空に後ろ髪を引かれながらも、みぃちゃんを残してひとりで帰ってきました。


アニマルコミュニケーションの世界から戻り、ふと思いました。

さっきの会議場は、異空間だったような。あの草むらの中で潜り抜けたドアの向こうは、猫しか行けない世界だったように思いました。

みぃちゃんのママは、教えてくれました。


「夜な夜な、どこへ行くのか、何度も後をつけたことがあります。だけれど、必ず、見失ってしまうのです。そう草むらで！」

ママさんも猫サイズに化けたら、あのドアを通り抜けることができるんじゃないでしょうか。ご自宅近くの草むらには、猫専用空間への扉があるようですよ。

猫には、時折、犬にはないような不思議なものを感じることがあります。みぃちゃんに連れられて出席した猫会議も不思議ですが、似たような不思議な猫ちゃんとのアニマルコミュニケーションを思い出しました。

🐾

東ヨーロッパ在住の日本人女性からのご依頼でした。

お世話をしている外猫ちゃんの行方について。

しばらく姿を見ないということでした。

そのコにつながると、みぃちゃんと同じく、「ついていらっしゃい」と。

素直に後をついて行くと、大きな葉っぱの落葉樹の林の中でした。

落ち葉で地面は一面、金色。

このときは、人間のサイズのまま、猫の後を歩きました。

あるところで、その猫は、立ち止まり、静かに座って後ろを振り返りました。
わたしも、そこに続こうと歩みを進めました。

けれど、行けない。
そこへ入って行けないのです。スルッと、右脇へとかわされてしまうのです。
何度かトライしましたが、結果は同じ。
振り向いて座る猫ちゃんのところへは近づくことができません。
その手前には、目には見えない透明な膜が張られているようでした。

「黄泉の国」

そんな言葉が、すっとわたしの中に入ってきました。
あぁ、そうなんだ。このシールドの向こうは、黄泉の国。生きた人間は決して通過することができない一線が、そこにはあったのですね。

猫ちゃんは立ち上がると、また、そのまま真っ直ぐとゆっくり歩いていきました。
金色に輝く秋の林には、金色の光が斜めに射していました。この美しい風景を描写し、わたしの感じたことを、飼い主さんにお伝えしました。

「そうなのですね」

その静かなひと言が、「すべてを受け入れました」とも聞き取れました。

猫が見せる不思議な光景。
まるでジブリの世界です。
アニマルコミュニケーターであるからこそ、見られる猫の不思議空間。
共有してくれることに、心から感謝です。

ペットにも反抗期、思春期はあるのか？

今まで、コロコロと仔犬らしく、かわいさ満点だったコが、だんだんとその素直さがなくなってきたように感じたことはないでしょうか？　コマンドが利かなくなったり、呼んでも来なくなったり、やたらと吠えるようになったり。なんだかワガママになってきたように感じて、「うちのコ、このままで大丈夫かしら……？」と不安になった経験はありませんか？

わたしも、小雪が1歳を迎えた頃に、まるで人間の子どもの「いやいや期」のようだと感じたことがあります。「犬にも反抗期のようなものが、あるんだな～」と、当時思いました。心が仔犬から成犬になり、自我が目覚める。これも成長過程だと思うと、合点がいったものです。

人間の子どもも、親の愛情を試すような行動をすることがありますが、小雪を育てていても、同じように感じたことがありました。わたしがどこまで許すのかを試すかのように、咬む時期がありました。

小雪は生後5週で、人間だけが暮らす我が家へ住環境を移しました。親や兄弟から学ぶべき犬社会のルールを学ばずに大きくなりました。

犬は本能的に口が出る動物。本能の赴く(おもむ)まま、気分のままに、嫌なことがあるごとに、咬むことで回避するようなコでは一緒に暮らせません。互いに心地よく同居するには、わたしが犬になりきって教えるしかないと思ったのです。ムツゴロウさんを真似て犬になりきりました。小雪と本気で対峙しました。それが正しいやり方だったかどうかは、いまだにわかりません。

咬んできたときに咬み返してやりました。それでも、まだ咬んでくる小雪に、突然哀しくなって泣けてきたのです。演技ではありません。本気で泣けました。

「マミィは哀しい。こゆちゃんが咬んだら痛い」

小雪は我に返ったようにハッとして、ケージの中へいそいそと入っていきました。そこで終了のゴング。それからわたしを試すかのように咬むことはピタっと、なくなりました。まだアニマルコミュニケーションには出逢っていませんでしたが、「話せばわかる!」と実感した出来事でした。

産まれて3、4週齢～12、13週齢で社会化期と呼ばれる、イヌとしての基本的な人格形成(犬格形成)が成される時期を迎えます。

ペットショップに並ぶコたちは、その大切な社会化期を逸しています。まだまだかわいい容貌をしている時期に、ペットの流通に乗せる必要があるからです。

その点で、ブリーダーさんの下でしっかりと社会化期を過ごさせてもらってから、譲り受けたコとの違いが出ます。

犬も猫も、親きょうだいから学ぶべき時期と内容が、それぞれにあります。それを逸してしまったなら、人間ができる範囲で、そのコに合った家庭教育をするしかありません。それをやらずして、ペットに落第点をつけるのは、釈然(しゃくぜん)としないのです。

体が性成熟したことで、行動が変化することもあります。意外と知られていないのが、猫の繁殖方法。メス猫は生後半年で繁殖が可能になることも。まだまだ仔猫だと思っていたら、すっかり思春期を迎えていたということにもなります。そして、猫は、犬や人とは違い、交尾排卵動物です。交尾の刺激により排卵が起こるシステムですから、必ず妊娠します。しかも、一度の発情期に複数のオスを受け入れますから異父きょうだいが生まれるのです。単独行動を好む動物が、確実に子孫を残すための自然の叡智ですね。

一緒に暮らす動物の生態を知ることは、違う者同士が、互いに心地よく暮らすためには必須ですし、切り捨てられる命を減らすことにもつながります。擬人化しすぎるあまり、見誤らないようにしたいものです。

第3章

ターミナル期にいるコ、お空に還ったコとつながり合うために…

——魂の絆のつくりかた

老齢になったペットと暮らすということ

高いところに飛び乗れなくなったり、寝ている時間が長くなったり、長年、生活を共にしてきた我がコの老いを実感している方も多いでしょう。

できていたことが、できなくなる……。

そんなシーンを目の当たりにすると、なんだか、淋しくなりますね。

動物たちは、人間よりも数倍速で時間を重ねます。
そんなことは、言われなくったって百も承知！
頭ではね？

だけれど、なかなか現実を心が受け入れません。だって、老いの先には、お別れが透けて見えるから。最期までずっと元気なままでと望んでも、現実はそうはいかないことが多いですよね？

大きな病気が見つかって、病院通いが始まるコもいるでしょう。歩けなくなったり、一人で食事や排泄がうまくできなくなって、介助が必要になるコもいるでしょう。

どんどん手がかかるようになってくると、飼い主さんの実生活にも支障が出てきます。そんな中、こんなケースを聞いたことがあります。

「ふらふらと、ぶつかりながら動かれるより、寝たきりのほうが、お世話がしやすい。だから、寝たきりになったときに、やった！　と思う自分がいた」

「ずっと寝たきりの大型犬の介護をしていて、心身共に疲れてきた。そろそろ逝ってくれないかな……と思ったことがあった」

こんな飼い主さんの本音に出逢うとき、一方的に、アニマルコミュニケーター、動物愛好家の立場を振りかざして非難をすることはできません。その労力がいかほどかは、実際にそのコに携わっている、飼い主さんにしかわからないから。

「寝たきりにならないようにケアをして！」

そんな理想通りに現実が運べば、誰も悩みません。動物好きだからこそ、自分の中の悪魔な自分を見てしまったときに、落ち込むのでしょう。

だけれど、それは、本当に素直な自分だと思うのです。誰の中にも、天使と悪魔は同じ数だけ棲んでいるものです。

もしかしたら、あなたは愛犬が超大型犬だったとしても、難なく楽しく介護ができる人かもしれません。

それは、とても素晴らしいこと！　それだけの体力と財力を与えられた方です。

だけれど、それが万人にできるのかと言えば、そうではないですよね？

そのご家庭ごとに必ず事情は違います。

外野で非難することなんて、簡単です。
わたしがオススメするのは非難ではなく、応援です。
悪魔が吐いてしまう言葉も、受け止められる器を備えること。
こちらのほうが、非難するより難易度は上がります。

主役をペットへ。視線の先をペットへ向けましょう。

「今、ここ」に一生懸命生きているコたち。
たとえ**体は老いて動かなくなったとしても、心まで動かなくなったわけではありません**もの。現状は、寝たきりになっていても、芝生を楽しそうに走っているイメージを伝えてくれるコは、とても多いものです。そんなときには、その「元気だよ～」という気持ちを大切にしたいのです。

一緒に芝生を走ります。
一緒にボール投げをします。

「他に、なにがしたい？　いっぱい一緒に遊ぼう！」と誘います。

彼らが伝えてくる「心は元気！」という気持ちを大切にしたいのです。

ですから、本人たち以上に辛く落ち込むのではなく、飼い主さんも、「今日も、元気だね！」と心晴れやかに声掛けをしてあげるのは、いかがでしょうか？

体はどんどん動かなくなってきても心は若いときのまま、これって、わたしたち人間も同じですよね？

気を付けてあげたいと思うのは、今までと同じように飛べると思っていた距離や高さが、心意気とは裏腹に、意外と距離が伸びずに飛べなかったとき。

シニアなりのけが防止策を講じると共に心のケアも大切だと、わたしも13歳半になった愛犬を見ていて感じます。

ペットたちも年齢を重ねただけの深みがありますし、そしてシニア特有のかわいさがあります。だんだん頑固ちゃんになったり、こだわりが強くなったり、淋しがり屋さんになったり、そのコの性質が際立つようになることも多いです。

猫ちゃんも、20歳くらいになると「猫ができてるわ〜」と感じることがありま す。お話をしていても、とても達観したメッセージがやってくるのです。

老いの焦りを感じたことがありません。

体に不自由が多くなることも、これから先の時間が短いことも、すべて受け入れているように感じることが多々あるのです。

そんなとき、**このコたちは、輪廻転生を知ったまま、今世を生きている**のだなと感じます。その姿といい、話し方といい、とても落ち着いています。

「重鎮(じゅうちん)」という言葉がぴったりです。わたしも思わず敬語で話していることもあります。敬うべき、人生の先を歩む先輩のようです。

逆に、赤ちゃん返りしたようなワンちゃんにも出逢ったことがあります。

ママにべったりとくっついていて、甘々。飼い主さんとしては、たまらなくかわいいでしょう。そうなると、寝たきりの大型犬のお世話も、飼い主さんによっては、お世話のし甲斐を感じますね。

最期まで寝込まずに四本足で歩けることを望む飼い主さんもいれば、どんな状態でも1日でも長く一緒にいることを望む飼い主さんもいらっしゃいます。たいていの場合、飼い主さんが望んでいるようになります（その望みは、ご自身では気づけない潜在意識の望みであるのかもしれませんが）。

どんなお別れの仕方が良いとか悪いなどと決めることはできません。

外野は、そのコと飼い主さんの間に、絆を断ち切って割り込むことなんてできないのです。

そのコの本当の幸せは何なのかにフォーカスしませんか？　きっと、外野の立場のあなたの人生も、当事者であるあなたの人生も、より深みを増して豊かになるでしょう。

すると……

そう、あなたの大切な我がコまで幸せになります。

お空から見ているコも含めてね。

お空へ還る前に一時的に元気になる理由

「また元気になると思ったのに、その後、すぐに逝ってしまいました」

ペットちゃんを亡くした飼い主さんのご相談でよく聞かれる声です。
動物と暮らしていると、避けて通れないのが、最期の看取り。
いよいよその時が来たのかと、覚悟をするときが、やがて必ずやってきます。
頭ではわかっていても、なかなか心がついてこないですね。

「ウチのコだけには、奇跡が起こるんじゃないか……」

こんなときほど、神頼みをしたくなるものです。すると、あれほど、ぐったりしていたのに、一見、元気を取り戻すようなことが、よくあります。


「全く食欲がなかったのに、食べたんです！」

「排泄ができなかったのに、オシッコが出たんです！」

「全然立てなかったのに、歩いたんです！」


飼い主さんは、「本当に神さまが奇跡を起こしてくれた！」「生き返った！」と、うれしくなるそうです。

「それなのに、その後、逝っちゃいました」と、がっかりした様子でお話を続けられます。


一生でいちばん、神さまに感謝をしたんじゃないかと思うような出来事のすぐ後に、一生でいちばん、神さまに裏切られたんじゃないかと思うような出来事。

飼い主さんにとっては、この落差は耐え難いものだと思います。

ですから、**いよいよお空へ還る準備を始めたときに、あるパターンが起こるこ**

とを知っておいていただきたいのです。これを知っているだけで、この大きな落ち込みがなくなり、ペットちゃんとのお別れが、よりスムーズになると思います。

ペットたちは、お空へ還るための準備を飼い主さんに見せてくれることがあります。

食べることを止めることもあるでしょう。

もしかしたら、意識が混沌とすることがあるかもしれません。

そんなとき、魂がうっすら体から浮いているのがわかることがあります。

魂が、体から浮いたり戻ったりを繰り返します。

「あぁ、もうそろそろ肉体を脱出するんだな」とわたしは感じます。

元気なときには体にエネルギーがみなぎっていますが、いよいよのときには、落ちていくエネルギー、枯れていくエネルギーを感じます。そんな時期に、アニマルコミュニケーションをすると、ペットたちは、自分がいなくなった後の、飼い主さんのことを気にかけて、たくさんのメッセージをくれますね。

「もう、そろそろ、体は限界にきてる。
ママのご希望のようには、もうがんばれない。
ごめんね。
だけど、ママと一緒に過ごせて本当に幸せだったよ。
ありがとう。
ボクがいなくなっても、大丈夫だから。
みんながいるから（人間家族や他の動物家族のこと）。
みんなからのママへの愛もちゃんと感じてね。
ママ、愛してるよ。
一緒に楽しいこと、いっぱいやったでしょう？
楽しかったでしょう？
ボクが楽しいって、ボクが幸せって思ったのと同じだけ、
ママも楽しいって思ってくれたよね？　同じだけ幸せって感じてくれたよね？
これからも一緒。ずっと一緒。ママのハートにいるから。
本当にありがとう。ママと出逢って、本当によかった」

飼い主さんとペットちゃんの、今生での最期の対話。この対話で、気持ちの擦り合わせをし、互いに愛を確かめ合うのです。

もうそろそろかもしれないと感じるときに、その感覚に素直になって、我がコと向き合ってみましょう。ここを逃すと、大きく後悔や罪悪感がやってくることも多いです。

ペットちゃんの意識が覚醒したなら、それは魂がしっかりと体に収まったとき。一時的に意識が戻ったのだとしたら、ペットちゃんから飼い主さんへ最後のご挨拶をしに戻ってきたのかもしれません。

我がコからの今生での最期のプレゼントです。

そのときを逃さずに、互いに愛を確かめ合ってください。

魂がお空へ還る前に、最愛の我がコと深い対話ができると、ペットロスの予防に大きく役立ちます。その対話により、いっそう絆が深まるからです。

魂の絆のつくりかた

魂の絆とは、ペットと飼い主の双方が、心の奥深いところで理解をし合って、強くつながっている状態のこと。

絶大なる信頼関係が築けている状態と言ってもいいでしょう。

単なる「ペットと飼い主」という関係を大きく超え、魂同士が互いを信頼し合うほどの関係性が築けたときに、魂の絆ができあがります。

それは、「太いパイプでつながっている感覚」というだけではありません。

「過去世からの因縁で、今生も一緒に過ごしている」という話でもありません。

ましてや、互いが依存し合う関係では決してありません。

互いが個々の存在でありながら、尊重し合い、信頼し合えている状態でのつながりです。

今この瞬間にも、互いの想いががっちりと合っているという安心を感じます。

そんなときに、互いの想いは、交わっているのです。

🐾

実際に魂の絆を上手につくっている方の例をお伝えしましょう。

わたしのアニマルコミュニケーションの講座を受けてくださったＯさんが、感想をしたためてくださいました。半年前にお空へと還っていった愛犬、りっぷちゃんとのコミュニケーションとなります。


「感謝で涙があふれています。

サンクチュアリ（※１）で別れる時、私もりっぷちゃんに『愛してるよ』と無意識で伝えていました。

私は、『愛している』は、『信じている』だと感じました。

今までも、多分そうなのだろうと感じていましたが、確かなことに思えました。

会えないから。

触れられないから。

心細いから。

会いたいから。

そういったことは関係がなく。もっと深くで、信じている。

亡くなった後も失ったという感覚がありません。

私はりっぷちゃんの魂を信じています。

そして、りっぷちゃんも私の魂を信じてくれているんだと改めて受け取りました。もう、本当に愛で満たされます」

（※1）サンクチュアリとは、アニマルコミュニケーションで動物と出逢う場所のことです。


Oさんは、りっぷちゃんと対話をしたことで、ペットとの魂の絆が確かに存在することを実感されました。Oさんとりっぷちゃん、互いの魂を信じ合っているのですね。ステキな関係です。

一度できあがった魂の絆は、永遠不滅です。どちらかが先にお空へ還って、お空と地上に別れて暮らすことになっても、消えてなくなることはありません。

魂の絆をつくるコツは、自分の心に素直になること。

何かで自分を覆い隠すことなく、ハートをオープンに！　マインドもオープンに！　動物たちと同じように、ありのままの自分で、あなたの大切な我がコを心の中にイメージしてみてください。

そうしたときに、何を感じますか？　感じたものを感じたままに感じましょう。

深い深い愛を感じる人がいるかもしれません。

感謝の気持ちがあふれてくるかもしれません。

そうした感覚を受け取りながら、互いの想いを確かめ合ってください。

次に互いのハートから光の糸が伸びてくるようにイメージします。

その光の糸がつながったとき、魂の絆ができあがります。

魂の絆をつくってみたいと思いませんか？

Oさんのりっぷちゃん、本当にしっかりしたコでした。

「ママの人生の大きな変化のときに寄り添ったよ。
もうね、15歳だったからね、電池切れ。
ママも落ち着いたしね。だから、もう大丈夫だって思った。
そうして、お空へ還ったんだよ。
十分に役目は果たしたと思う。

ママも何も後悔はないでしょう?
アタシ、ちゃんとやることやったでしょう?
がんばったでしょう?
今でも見てる。ずっとお空からママを応援してる。

今はね、のんびりしてるよ。
ママが、たくさんの経験をする中で、アタシも一緒に体験できたことは、
アタシの喜びでもあるよ。
ママもいっぱいがんばったね！

いつまでも愛してる。愛してるよ。
ありがとう」

これが、わたしがお話をさせてもらった対話。
またいつか逢えるそうです。来世以降、いつかどこかで逢えると思います。
過去のどこかでも一緒だったんだと思います。Oさんもりっぷちゃんも、愛で
満タン。そんなお二人の愛を感じながら、お話ができるのですから、わたしも
とっても幸せです。ペットちゃんと飼い主さんが、魂の絆をつくることができる
アニマルコミュニケーション。すばらしい道具です。

ターミナル期に入ったとき、飼い主としてやってあげられること

この本の執筆中、愛犬の小雪が死の淵をさまよう出来事が起きました。小雪の看病をする中で施した様々なワーク。

そのうちの一つを、この本を通じてご縁があったあなたへ、わかち合いましょう。ペットちゃんが、もしかして、いよいよ今世を卒業していくタイミングかもと思うときにオススメなワークです。

ペットと暮らせば必ずやってくるお別れ。それを互いに最高に幸せに迎えるための方法です。

お別れが幸せに変わるワーク

まずは、リラックスできる時間と空間を確保してください。


椅子に座る。

床に座る。

ベッドやソファに横になる。

リラックスできればどんな姿勢でもかまいません。


ペットちゃんは、抱っこしたり、お膝に乗せたり、寝た姿勢でお腹に乗せてもいいでしょう。

ハムスターや小鳥などの小さなコは、両手をカップ状にしてその中に入れてあげてもいいですね。

逆に大型犬などは、脇に寄り添って寝たり、飼い主さんが座った姿勢でワンちゃんの体を撫(な)でてあげるのでもいいでしょう。

落ち着く姿勢が決まったら、気持ちを鎮めて、心を静かにします。
ゆったりと呼吸を続けます。

自分のハートと我がコのハートが重なるようなイメージをします。
ハートを共有しているような一体感が味わえます。

そっと優しく愛しい我がコへ話しかけてみてください。
実際に、わたしが小雪へ働きかけたことを、お伝えしますね。

「こゆちゃん、ありがとうね。
こゆちゃんと初めて会ったのは、ペットショップだったよね？
段ボール箱の中にきょうだいたちと一緒にいたね。
あれから13年。

ずっと一緒にいたね。ありがとうね。
マミィは、こゆちゃんのおかげで、
アニマルコミュニケーターになれたんだよね。
こゆちゃんのおかげで、知らなかったことがいっぱい知れたよ。
ありがとね～」

🐾

小雪には、たくさんのありがとうを伝えました。

わたしの人生で初めて生活を共にした犬。ただ動物が好きというだけで、全く知識がないまま飼い始めました。転んでは起き上がり、また転んでは一緒に起き上がり……。こうして、彼女がわたしに教えてくれたことは、計り知れません。

小雪がいなければ、今のわたしはありません。

人の人生を変えてしまうほどの魔力を秘めたペットという神の化身。

その存在に敬意を払うと共に、深く深く感謝をしました。

続いて、小雪に尋ねました。

「ねぇ、こゆちゃん、こゆちゃんが、楽しかったことって何??」

小雪は、声で伝えるよりも、映像で伝えてきました。
年齢は2、3歳の若い頃。自宅のリビングルームで元気よく走り回っています。
子どもたち2人も、まだ小学生と中学生。
小雪と一緒に遊んでいる様子が見えました。
夫とわたしは、ソファに腰かけて、その光景を眺めています。
家族全員が笑顔で楽しそうにしている印象が強く伝わってきました。

「家族みんなで仲良く！」

これが小雪からのメッセージ。わたし自身が今生で向き合うべき課題が、「家族」であることを、さらに後押しするように感じました。

この場面以降は、小雪を主導に小雪の気持ちに乗るような形で感じていきました。


ゴハンの中でも、時々、特別に作った、おいしいゴハンがあったこと。

小さい頃に通っていたシツケ教室では、イヤイヤやっていたことがあったこと。

朝夕の小学生の集団登下校を一緒にしていたのは、気に入っていたこと。

前に体調を崩したときには、すごく不安になったこと。

お父さんが休みの日に行く散歩は、ご褒美（ほうび）のように感じていたこと。

一緒に出かけた旅行は、別にそう楽しいわけでもなかったこと。

じぃじは、いっぱいオヤツをくれるから、ちゃんと言うことを聞かないといけないこと。


いろんなシーンを教えてくれるたびに、「へぇ〜、そうなんだね」「そうだったんだね」と、相槌（あいづち）を打ちます。小雪の記憶が織り成（おりな）す世界。色とりどりで美しい。そのワンシーンごとの色を一緒に確認して、一緒に感じて、気持ちを共有していきます。そうしている時間は、意識が体の辛さから離れます。楽しかったこと、うれしかった思い出は、心を穏やかにしてくれます。


いつか必ず訪れる肉体のお別れのとき。

我がコが、少しでも楽に、そのときを迎えられたなら。

少しでもスムーズに光へと還っていけたなら。

これは、飼い主であれば誰しも願うこと。

その願いを具体的に叶える方法。それが、ターミナル期におけるアニマルコミュニケーションです。


魂が抜け出るそのときには、一生の中でいちばん多くの快楽ホルモンが放出されといいます。それは、動物だって同じこと。

一生で一度だけ与えられたそのチャンスを、最高の幸せとして迎えるために、飼い主としてやってあげられること。


最後のプレゼントを贈ってあげませんか？　お別れが幸せに変わります。

大切な我がコとお別れしたとき、哀しむと天国へ行けないって本当でしょうか

「そんなに泣いてばかりいたらペットが成仏できないよ」

ペットを亡くしたとき、ご家族や友人から、実際にこんな言葉がけをされた方もいるでしょう。

本当にそうなのでしょうか？

自分でそう思い込んでいる方もいるかもしれませんし、「わたし、友達にそう言ったことがあるわ」という方もいらっしゃるかもしれませんね。

みなさん、それぞれの立場から相手のために、良かれと思って行動されただけです。その根底に共通してあるのは、相手への優しさですね。

「なんとか、苦しみから抜け出てもらいたい。何をしてあげられるだろう……」

その結果、出た言葉。それが、「そんなに泣いてたら○○ちゃん、天国へ行けないよ」です。この言葉で、「そうだね！」と勇気づけられて、元気を取り戻せるときはいいですね。だけれど、どうしても受け取れないときもあるのです。


「こんなに哀しいのに泣いちゃダメなの？

だったら、どうやってこの気持ちを整理すればいいの？

誰も、こんな苦しい気持ち、わかってくれないでしょ⁉」


周りの人は、あなたに意地悪でその言葉を言っているのでしょうか？

「もっと哀しませてやろう！」とか「しめしめ、もっと貶めてやろう！」とか、そんな邪な想いがないことは、あなたもわかっているはずです。

そこにあるのは、愛。ただそれだけだって、あなたがいちばんよく知っていますよね？　そんなときは、どうぞ、ご自分を慈しんであげてください。

人の温かさや優しさを素直に受け取れないときなんだって。これがずっと続くわけじゃない、今は、ちょっと余裕を失くしている体験中なだけなんだって。

大切な我がコを失って、哀しくない人なんていません。たとえ、我がコが天寿を全うしたとしても。

いつもいたはずの場所、いつもお散歩していた時間、いつも用意していたゴハン、いつも遊んでいたおもちゃ……。

「いつも」は、ぽっかりと開いた穴に変わってしまいます。あって当たり前だった「いつも」が、とても大切なものだったことを知ります。

肉体に触れたり、においを感じることが、実際にできなくなるのは、淋しいです。哀しいです。お空へ還ったコとも自由にお話できるアニマルコミュニケーターであってもね。

ご自分の気持ち、感情を大切にしてあげてください。その哀しみ、その淋しさを、いっぱいいっぱい感じてあげてください。ご自分のために。

それが、今世を卒業していった我がコのためにもなります。

たくさん泣いてください。

ぐっとこらえて涙を飲み込む癖をお持ちの方も多いですが、本当は泣いちゃうと尾を引きません。これは、女性のほうが得意ですよね。

男性は大変そうです。

「猫一匹死んだくらいで！　女々しい！」

まだまだ、こんな社会的風潮があるように思います。

すると、泣きたいときに泣けなくなります。それは、男性の飼い主さんのご相談に乗っていても感じますし、ご夫妻でお越しのときには特にその差を感じます。男性は、我慢されることが多いのです。我がコを亡くして哀しいのは、男女共に共通です。どうぞ、男性のみなさんも、泣いちゃってください。

「泣いちゃっても大丈夫よ」

そう、優しく奥さまが促されるシーンに出逢ったこともあります。

ステキなご夫婦だなと、わたしのハートも温かくなります。こんなパパとママをお空から見ているペットちゃんは、幸せをほっこりと感じていますね。こうして、ご自分の気持ちを大切に慈しんでいるうちに自然と人の優しさや思いやりを受け取れるときがやってきます。もう、どんな言葉にも傷つくことはありません。

人に言えない哀しみを抱えている方へ…

ペットを失うということは、場合によっては、人間家族を失うよりも辛いことだってあります。

3歳で突然死したワンちゃんの飼い主さんが、こんなことをおっしゃいました。


「このコを亡くす少し前に同居していた祖父が他界しました。

90歳を超えていたし、心の準備もあって、淡々とその死を受け入れることはできました。

だけど、このコは突然に逝ってしまった。しかも、わたしの不注意で。

人には言えないけど、祖父を亡くしたときよりも、ずっとずっと哀しいです」

この飼い主さんの哀しみが、相当に深いことは、手に取るようにわかりました。ハートにぽっかりと穴が開いているように見えました。そこだけブラックホールのように。

人に言えない。わかってもらえない。

これほど辛いことってないでしょう。

我がコが亡くなった原因が過失であるということで、ご自分を責めるでしょう。動物愛好家の目に留まったら……。犬友達に知られちゃったら……。恐怖で体がカチコチに緊張してしまいますね。

人より動物を亡くしたほうが哀しいなんて、一般的には受け入れられない社会的な要因もあって、ますます気持ちをうまく表す機会を逸してしまいがちです。

ワンちゃんを多頭飼いしているお宅も多いですが、ワンちゃん同士のケンカが原因で亡くなってしまうケースもあります。なかなか浮き彫りにはなりませんが、そこそこあることです。これも、また飼い主さんにとっての衝撃は大きいですし、やはり他人になかなか開示しづらいものです。帰宅したら、亡くなっているなんて。病気でもなんでもなく、突然ですものね。

全員のコを平等に愛そうとしているのに、ひとつ屋根の下で一頭は被害者、一頭は加害者という構図には、耐え難いものがあるでしょう。

スーパーでのお買い物中、車内で待たせていて熱中症にかかってしまった。たった30分のお留守番の間にリードが絡まって首を吊っていた。抱っこしていて落とした。道へ飛び出して車にはねられた。電車にはねられた。飼い主さんたちの声は悲痛です。

こういった不慮の事故で我がコを失った飼い主さんは、複雑な想いを内にこめる傾向にあります。ですから、心の傷をこじらせたり、長引かせたりしがちなのです。

わたしが30年前に一緒に暮らしていた相棒の猫は、自宅前の道で車にひかれて亡くなりました。次に迎えたコは、絶対に外に出さないように、両親が管理していたのは、言うまでもありません。

セキセイインコをたくさん飼っていましたが、エサを切らして亡くしたこともありますし、大の仲良しだった一羽は、こたつ布団の中で遊んでいて、祖父が踏みつけてしまい即死でした。大泣きした子どもの頃の記憶が、そのときの気持ちと一緒に鮮明に蘇ってきます。

文鳥、中型インコ、ハツカネズミ、夜店で釣った金魚、夏の間だけ一緒にいられるカブトムシや秋の風情を届けてくれる鈴虫まで。たくさんの命と共に在りました。小動物であるほど、その動物たちが元々生息をする環境に近づけてあげる必要がありますから、ちょっとした不注意からの環境の変化で、亡くしてしまうことも多くなります。失った命のことは、何十年経っても忘れることはありません。

みなさんの中にも、小動物を相棒としている方がいらっしゃるでしょう。ワンちゃん猫ちゃんであれば理解される、亡くしたときの哀しみが、小動物であるがゆえにわかってもらえないということもあります。どんなに小さな生き物であっても、人間と一緒に暮らせば、人と気持ちは通じ合います。

蛇ちゃんに逢ったときも、飼い主さんのことをよく理解していましたし、わたしにも「もっと遊ぼうよ～」と誘ってくれました。「お父さんがもうお家って言ってるから、お家に入ろうね！」と水槽の中へと戻してあげました。発育がよくない子蛇ちゃんにヒーリングをしましたら、寝てしまいました。本当にかわいいです。

どんな生き物を愛するかは、人それぞれです。人よりワンちゃんを亡くしたほうが哀しいこともありますし、ワンちゃんよりも金魚一匹を亡くしたほうが、哀しみが深いことだってあります。哀しみの大きさは、ペットちゃんの体の大きさではなく、思い入れの大きさに比例するのです。ペットを亡くして心が痛いときに休暇を取ることが容認される社会、他人が大切にしているものを、大切に思いやれる社会になっていくことを願って止みません。

愛しい我がコを失ったときの心の処方箋

大切な存在(ペット)を失ったとき、わたしたち飼い主はまるで体の一部をもぎとられたかのような喪失感を味わいます。そんなとき、心はえぐられ、深い傷を負うのです。傷が痛すぎて受け止められないかもしれません。

心の傷は放置すると、治り切らずに塊となってしまいます。ずっと傷を負ったままなのに、忘れ去られます。だから、治ったと勘違いをするのです。ケガをしたことさえ忘れちゃう。だけれど、遠く彼方から呼ぶのです。

「ねぇ、ねぇ、まだ、治ってないの。治してほしいの」と。

そのささやきが聞こえたときが、ご自分の心に正直になるタイミングです。必ず、その傷が癒え、体験した悲しみと心の中で折り合いがつけられるときが来るでしょう。

ご自分の気持ちを吐露できる場があれば、それはとてもラッキーなこと。哀しみ、淋しさ、自責、怒り……、様々な感情を丁寧に丁寧に一つずつ、何度もご自分の内側で感じるだけでも、癒されていきます。そうした機会や場を持てずに、仕事に没頭することで、気を紛らわせてしまっていることもあります。

残念ながら、アルコールや薬物に依存してしまう奥底に、ペットとのお別れが潜んでいることもあります。

ご家族や親しい人たちと、今の気持ちをわかち合えるといいですね。

気持ちを素直に吐露できる場は、傷を癒すための保健室のようなものです。

気心の知れた友人とお茶をする時間でもいいですし、しっかりとプロのセラピストさんやカウンセラーさんに相談をする時間を取るのでもいいでしょう。

ペットロスが得意なアニマルコミュニケーターさんにお願いをすれば、我がコの声を聞きながら、あなたの癒しにも貢献してくれるでしょう。

そんな場が持てない人は、お散歩に出るなどして体を動かしてみるのはどうでしょう。ワンちゃんと一緒に散歩をしたコースをたどると、たくさんの思い出と共にたくさんの気持ちがあふれてくることもあるでしょう。そうして感情の解放をしてあげるのもいいと思います。

もし、それが辛すぎたり、そんな気持ちにならないときは、温かい飲み物で、心も体もほっこりしてみるのはどうでしょう。お白湯をいただくのもお勧めですよ。

体を養生してあげることで、心の傷も癒えていきます。あなたの体と心が喜ぶ方法で、あなたの気持ちを解き放ってあげてください。軽くなりますよ。

それなのに数日すると、また辛い気持ちになることもあるでしょう。それでも大丈夫。また、体と心が喜ぶことをしてあげましょう。

同じことを繰り返しているだけのようでも、必ず、変化はしていますよ。

三歩進んで二歩下がるような、ゆっくりとした歩みです。焦る必要はありません。しばらくしたら、振り返ってみてください。あなたの進んだ道が後ろに延びていますから。それだけあなたの人生の奥行きができたのです。

その過程で得たものは、何だかわかりますか？

それが、我がコが用意してくれたプレゼント。宝箱です。

我がコからのメッセージと共に、あなたの人生がより豊かになる宝物を受け取ってあげてください。

時々、ペットロスを癒すと、いつまでも大切にしていたい心の中に棲む我がコの存在までも、奪われてしまうんじゃないかと怖くなる方がいらっしゃいます。

そんなことは、ありませんよ。どうぞ、ご安心ください。ペットロスを癒すことで、大切な存在との絆までもが断ち切られることはないです。

逆に、ぽっかりと開いたその穴が、温かい平穏な気持ちで埋められていきます。

闇のような穴が、温かい光と愛で満ちていきます。

哀しみよりも愛と感謝が多く、心を占めていきます。

こんなことがありました。

ご夫婦で一週間くらい旅行に出かけたいのだけれど、ワンちゃんを置いていくのが不安だというご相談です。そこで、わたしは、そのママの気持ちや留守中のお願いなどを、ワンちゃんに伝えました。


ワンちゃんも、見るからに不安がりな性格だとわかります。

セッション中に、飼い主さんがふと思い出されました。

「すみません。今、なんだか、昔に飼っていたワンちゃんのことが頭をよぎるのです。そのコの写真はありませんけど、見てもらうことはできますか？」

「もちろんです！」とお答えして、30年前に一緒に暮らしていたワンちゃんとのコミュニケーションをしました。

「ごめんね。ごめんね」飼い主さんからは、たくさんの後悔の言葉があふれてきました。

そのコとは、突然のお別れをしていました。しかも、預けた先で。

「もう、このコの存在さえ忘れていたのに、なぜ今、出てくるのでしょう」

そう飼い主さんはおっしゃいましたが、必要なことが起きるのです。

そのコを亡くした哀しみを、そのときにしっかりとお手当しなかったのでしょう。傷が塊になって心の奥底に仕舞われていたのです。ですから、似たような状況が巡(めぐ)ってきた今、傷がささやき始めたのです。「ねぇねぇ、まだ治ってないの。治してほしいの」と。

丁寧に丁寧に塗り薬をぬり、包帯で養生しました。

そうしましたら、ご旅行から帰っていらしてから、極上の声を聞くことができました。

「今まで、夫婦で旅行に出かけても、必ずケンカをしていたのに、今回はそれもなくて、今までいちばん楽しい旅行でした！」

よかったです。今のワンちゃんが、ママの心の傷に気づかせてくれました。

この事例からも、日にち薬なんてないのだとおわかりになるでしょう。その都度その都度、丁寧に癒しておくこと。後回しにして、過去に傷の塊を置き去りにしないこと。

これらは、わたしたちの人生を豊かにしてくれる、ちょっとしたコツです。そのためにペットたちは、とってもいい仕事をしてくれます。

いたずら？　病気？？

なんの！　なんの!!

それは、ただのサインです。

最愛の我がコとのお別れも、例外ではありません。

それさえも、宝物に変えてしまえる魔法を、ペットたちが授けてくれます。

ペットとのお別れを体験し、真っ暗闇の中から、光を見出す力は、人生を楽に生きる力でもあるのです。

闇の中に光を見出したとき、そこにあふれるのは愛と感謝。そこはかとなく内側から湧き出るその幸福感を味わったとき、体験したすべてのことは、糧に変わります。

「ありがとう。愛してるよ。いつまでも、いつまでも……」

温かく幸せな涙と共に自然に出る言葉。その一片の言の葉は、お別れしたペットちゃんのもとへと届きます。ペットちゃんは、そんな飼い主さんの姿を見て、お空でほっと安心することでしょう。

魂同士のご縁があって、今世でお互いにまた引き合った仲。それは、肉体を卒業してもなお、継続します。ちっぽけな絆ではないのです。

地上と天上をつなぐ切れることがない魂の絆を感じてみませんか?

来世以降、きっとその絆を頼りにまた出逢い、時空間を共にするときがやってくるでしょう。それは、そのときまでのお楽しみ。今世では、いつかどこかでつないだ絆を手繰(たぐ)って、あなたのもとへやって来たがっている他のコがいるかもしれません。

次のペットを飼いたい気持ちにどうしてもなれないときは

それでもいいではないですか？

一生のうちで、たった一頭のコを愛し貫く。

こんなステキなストーリーがあってもいいと思うのです。

だけれど、その理由が、「もう二度とあんな想いはしたくない！」というのであれば、「ちょっと待って！」とストップをかけさせてください。

「あんな想い」とは、どんな想いでしょう？


後悔？　罪悪感？　それとも、喪失感??

過去の歴史（事実）を変えることはできませんが、その歴史にまつわるストーリーを書き換えることは可能です。

「ストーリーを書き換える」というのは、「解釈を変える」ということです。

ペットを失ってすぐは、哀しみのどん底で真っ暗闇かもしれません。その闇の中で、罪悪感や喪失感をどっぷりと感じていることでしょう。けれど、やがてその罪悪感や喪失感が、愛と感謝に転換できたら、いかがですか？

お空へ還ったコと、もう一度逢って、未完了のままにしているコミュニケーションを完了させましょう。あなたが気づいていない「我がコとのお別れの本当のメッセージ」を受け取りましょう。

お別れは、哀しみや苦しみを与えるだけではありません。

必ずギフトがあります。けれど、「もう二度と！」という方は、そのギフトを見つけ出せないままでいるだけです。なんと、もったいないことでしょう！

🐾

ある日、網戸の隙間から脱走した猫ちゃん。

八方手を尽くして探しましたが、目撃情報すらありません。誰か一人くらい見かけていても良さそうですが、誰一人として姿を見たという情報もありません。せめて、似たようなコを見たという誤認情報くらいあっても良さそうなのに。こんな神隠しのようなケースも、そこそこあるのです。

ペット探偵さんにも手を引かれて困り果て、インターネット内で有効な手立てを探し回っているうちに「アニマルコミュニケーション」の文字にピン！ ときたという飼い主さんも、何人もいらっしゃいました。

さて、この脱走猫ちゃん。

「今どこで、どうしているの？」

そんな飼い主さんの問いかけに、田んぼをのぞき込んでいるシーンを見せてくれました。何かを捕まえています。

ハッキリとは見えませんでしたが、小さな生き物のように感じました。

「家から出たことがないのに、ハンティングできるのね！」

飼い主さんは、何も食べられずにいるんじゃないかと気が気でなかったので、この様子を確認しただけでも、ほっとされていました。

続いて、猫ちゃんからこんな声が聞こえてきました。

「ママも、やってごらんよ〜。思ってるよりも、ずっと簡単だよ。

案外、いけるよ〜（やれるよ〜）」

わたしは、てっきり、「田んぼでハンティングしてみたら？」とママにも勧めているのかと思いました。でも、違ったようです。

「お外は広いよ。ママもお外に出てごらんよ。

そして、空を見上げてごらんよ。

こんなにも気持ちが広がるよ」

これを聞いた飼い主さんは、即座にお答えになりました。

「わたしに、言ってるんだと思います。

実は、わたし、引きこもりで、外に出られないんです」


この猫ちゃんは、わたしが思っているよりもずっと大切なことを伝えてくれていたようです。のちに、飼い主さんからこんなご報告をいただきました。


「空はすごく広くて大きいよ、という言葉がずっと心に残っていて、あれから何度も、空を見てしまいます。

今朝、自宅のベランダから空を見上げると、小さな虹が出ていました。

うちのコからの後押しのように思えて嬉しくなり、私も前へ踏み出していかなきゃなと思えました」


この数か月後、この方は、本当に前に進まれました。なんと！　新幹線に乗って、お一人でアニマルコミュニケーションの講座をご受講にいらしたのです。

ペットのチカラをまざまざと見せられました。飼い主さんの人生まで変えてしまう魔力を秘めたペットたち。やはり、神さまのお遣いとしか思えません。

結局、その後、この猫ちゃんがご帰宅をされることは2年以上経た現在もありません。けれど、その代わりのコが、ちゃっかりとやってきて、すっかり家族として馴染んでいるようです。

お家を出た猫ちゃんは、飼い主さんの人生の後押しをすることがお役目だったのでしょうね。飼い主さんの人生は変わりましたから、お役御免ということでしょう。代わりにやってきたコは、きっとそのコとは、魂のクラスメイトです。バトンタッチされたのでしょうね。

🐾

このように、我がコと離別した不安や哀しみを人生の宝物に変えることは可能です。歴史は変わらないけれど、ストーリーはいかようにも創造できるのです。

この飼い主さんが、迷子猫探しの過程でアニマルコミュニケーションに出逢い、人生が１８０度変わってしまったように……。

数奇な一生を送ったワンちゃん、ママとの2年44日は愛に満たされた宝物

いま思い返しても、あたたかい涙がじわりとにじむアニマルコミュニケーションの実例をご紹介しましょう。こうして最前線の現場で命と向き合ってくださっている方がいるのです。その愛を一心に受けると、その命も輝き、愛に満たされたまま、お空に還って行きました。まずはセッションのご感想です。

昨日は、本当にありがとうございました。
優斗の声を聞かせていただき、涙しながら感動と感謝に包まれました。
優斗に最初に出会ったのは、ＳＮＳの投稿です。保健所からレスキューされ、

動物病院にいました。保健所でてんかんの発作がおこったためです。それでも運の強い子だと思いましたが、私はこの子を私の手元で最期の子として一緒に過ごしたい！　と思い、連絡を取り会いに行きました。

その後トライアルということで家にやってきました。保護団体とちょっとトラブルになりましたが、無事うちの子として2年44日を過ごすことになりました。

最初、全く目も合わせてくれず話しかけても知らんぷり、少しでも身体を触ろうとすると逃げるというか怯える。そして、てんかんの発作の繰り返しでした。発作は、多いときで月に8〜9回。すべて夜中とか朝方、発作がおきると2時間ぐらい部屋の中をずっとウロウロ、壁に頭を押し付けて力強く押していくんです。発作のときは、痙攣(けいれん)と泡をふき、慌てて抱きしめ「大丈夫！　大丈夫！　お母さんここにいるから、大丈夫！」と。

だんだん発作も少なくなり、気づけば4か月なかったこともありました。

名前や私の言葉がわかるようになってきてからは、ねんねする時、身体をポンポンすると安心して寝てくれていました。


朝晩のお散歩は、優斗と二人だったのでたくさん色んな話をしました。

亡くなる半年前に血尿が出て歩けなくなり、寝たきりでしたがとても元気で、介護も楽しくやれました。

優斗が笑わせてくれるんです。横向きで寝てるのにクルッと反転して頭が下なんだけど、ニヘラ！　って笑うんです。笑笑。


毎日、笑わせてくれました。

本当に優しい子でした。

車椅子を作る予定もありました。


亡くなる前日は、優斗がとても可愛い声で甘え鳴きしていたので動画に撮ったくらいです。まさか、かかりつけの病院に預けた翌日に亡くなるなんて思わず、後悔と懺悔の日々を過ごしていました。

昨日、りこ先生とセッションさせていただき、優斗のとてもあたたかなメッセージをもらって、後悔と懺悔は優斗のためにならず、優斗は私を心から思いやってくれていることがわかり、幸せな気分になりました。

いつも優斗のぬくもりを感じ気配を感じながら優斗に会える時まで、頑張っていこうと思いました。

名前もお気に入りだと知り、とてもうれしかったです。

優斗が私のもとに来たのも運命だったのだと思います。りこ先生を通じ、優斗が何を思い、何を考えていたのか知ることができたことに感謝しかありません。

🐾

飼い主のNさんの手元にやってくるまで、飼育放棄や交通事故に遭い、施設に入れられてんかんを発症、保護団体さんにレスキューされるという、なんとも数奇な犬生を送ってきたワンちゃん。ご縁あってNさんのもとにやってきて「優斗」という名前を付けてもらったそうです。

優斗くんは、自分の名前がお気に入り。

「優しいっていう字が付いてるし、ゆうちゃんは優しいコね〜」

そう伝えましたら、

「ボクはみんなに優しくしたいよ。次に生まれてきたときも、たくさんの人たちや犬たちにも優しくしたいんだよ」

と教えてくれました。

「もっと一緒にいたかったね」

と言うママに、

「ボクだって、もっとお母さんと一緒にいたかった。

その想いは同じだよ。

お母さんが大好き！　本当にありがとう」

優斗くんの愛と感謝が、わたしの全身を満たしてくれました。

そして、

「お空では元気にしてるよ～」

そう言って、バンビのように飛び跳ねている姿を見せてくれました。

優斗くんの想いと今の姿を、わたしを通じてNさんもきっと感じ取ってくださったのだと思います。ママの安堵につながって本当によかったです。

半年かかって優斗くんの心を開き、その後の介護でさえ楽しくて仕方なかったというNさん。本当に頭が上がりません。

後日、優斗くんのお写真を拝見しましたら、また満面の笑みの優斗くんが話しかけてくれました。

「お母さん、楽しかったよね～♪」

優斗くんとNさんのつながりの深さを改めて感じました。

お別れのときのために知っておいてほしいこと
～ペットたちが教えてくれたお空のしくみ

「りこさ～ん、あのぅ……ヘンなことを聞いてもいいですか？　動物たちにも生まれ変わりってあるんでしょうか？」

こんな質問もよく受けます。

「はい！　生まれ変わるみたいですよ！　お空のコが、そう教えてくれますから」

こうお答えをすると飼い主さまは、緩（ゆる）んだとってもいいお顔をされます。

愛しい我がコですからね。「死んじゃったら終わり！」なんて思いたくないものです。「また会えたらいいな」と思いますよね。

だけど内心、「本当に生まれ変わってくるのかな？」

そんなふうに疑心暗鬼になることもありますものね。

ちゃんとはっきりとした答えがほしくなるのが人間ってものです。

どうぞ安心してくださいね。

動物たちも人間と同様に生まれ変わって、またこの地上に降りてくるそうです。

ただ、飼い主さんの今世で、また出逢えるかどうかはわかりません。そして、その確率は非常に低いようにも感じています。

お空に還ったペットたちから聞いた、お空や魂のしくみを、実例を交えながら、ご紹介しますね。

神さまからお役目を与えられたコたち

わずかではありますが、もう生まれ変わってこないなと感じるコもいます。

お空へ還ったときに、あちらで神さまからお役目を与えられるようなのです。

そのお役目の一つが門番。動物たちの魂が住むエリアの入り口に配属され、地上から昇ってきた魂を「おかえり」とお迎えする役です。

そして、もう一つが、還ってきた魂の行き先を先導してくれる魂です。

人間界でたとえるならば、小学校の入学式のようなものです。ピカピカの新1年生が、昇降口へ行くと、6年生のお兄さんお姉さんがお世話をしてくれます。

「ご入学おめでとうございます」

と、お迎えをしてくれるお兄さんお姉さん。

「○○ちゃんですね？　あなたは1年2組です」

クラスを教えてくれるお兄さんお姉さん。

「さあ、教室はこっち、一緒に行きましょうね～」

教室へ連れて行ってくれるお兄さんお姉さん。

お空でも、同じように、地上での労を労ってくれる魂。属すべきエリアを教えてくれる魂。そこへ連れて行ってくれる魂。こんな6年生的お役目をしている魂たちがいるようです。このコたちは、お空でお仕事をしていて、たぶん地上には降りてこないんじゃないかなと感じます。

小さなかわいい羽根が生えてパタパタとフェアリーのように飛んでいる魂を見たこともあります。このコももう地上には降りてこないのだろうなと感じました。

けれど、何かお役目があって、そうしているのかは、わたしにはわかりません。

時折、こうしてお空に滞在するように神さまから申し付かった魂に出逢います。

どの魂も輝いて見えます。そんな魂たちは、もう二度と地上に降りてくることはないのでしょうか。

長年にわたって、その魂たちの追跡調査をしたわけではないので、本当のところはわかりません。たまに例外がありそうな気もしますけどね。

きっと、わたしがお空へ帰還するときに答え合わせができるのだと楽しみにしています。あなたもあなたが信じているものを信じていけばいいと思います。信じているものが、あなたにとっての真実ですから。

お空へ還ったばかりのコたち

新入りの魂は、どうしているのでしょうか……。

きっとみなさんが一番気になっているのは、この点だと思います。愛しい我がコを見送った飼い主さんが、「あちらでどうしていますか？」とご質問されることは非常に多いです。

「ママが、どうしてる？って聞いてくれてるよ」そう尋ねると、元気に芝生を走り回っていたり、満面の笑みを見せてくれたりします。

そのコが一番、ママに見せたい姿を見せてくれるのだろうなと微笑ましく思います。

最期、体が不自由だったとしても、広い芝生を満面の笑みで走り回り、「ママ～見て～～。こんなに元気だよ～～」と、とってもうれしそうに最高に幸せそうな姿を見せてくれます。

そんな姿を見せてもらうたびに、じ～んとわたしの胸の内側に温かいものが湧いてきます。

ペットと飼い主さん、双方の愛を感じながら、こんな心温まる優しい声を聞くことができます。

「本当にありがとね～」
「しあわせだったよ～」

「今でもお空から見てるからね～」
「笑ってね～」
「愛してるよ～」

アニマルコミュニケーターにとって、至福の時間です。こんな機会を与えてくれるペットちゃんと飼い主さんに、感謝の気持ちでいっぱいです。

飼い主がお空へ還ったときにペットと逢えますか？

『虹の橋』のストーリーによると、先に旅立ったペットたちは虹の橋を渡って向こう側で飼い主のことを待ってくれているそうです。そう信じることで安心して我がコを送り出せるかもしれませんね。

人間の魂とペットの魂が最終的に落ち着くエリアは異なるようです。ペットの魂が住むエリアを通過した向こうに、人間の魂のエリアがあります。人間が一生を終えて地上を旅立ったらまずは、ペットたちの魂がいるエリアへ到着します。そこで人間の魂は一時滞在をします。そのときに、我がコと出逢えるでしょう。

そう思うと、『死』というものの見方が変わりませんか？

『死』は、地上で肉体を持っていた「今生の終わり」ではありますが、それは同時に、魂だけの存在となった「お空での始まり」でもあります。

こうして、人間も動物も地上とお空を行ったり来たりを繰り返します。

お空の様子

お空では、動物の魂が住むエリア内は、また細かく分かれています。

住宅地の区画が分かれているようなイメージです。

ペット町イヌ丁目1番地1号。この1号の中に、魂は所属します。番地が学年、号が組のように置き換えてみてください。

魂は1年生から順に学年が上がります。同じ学年の中に、たくさんのクラスがあります。このクラスがいわゆるソウルグループです。

同じクラスで一緒に過ごした魂は、地上では似たような行動をします。

「前のコがお空から教えているのでは、と思うくらい似たようなことをするんです」

これは、前のコと今のコの魂のクラスが同じだったのでしょう。ひとりのコが今生を卒業していったら、ピンチヒッターをそのコが寄越すことがあります。

「わたしはもうママのところへは戻れないけれど、代わりのコを送るね！」

こんなことを伝えてくる行方不明のペットちゃんも意外と多いものです。

すると、本当に仔猫ちゃんを拾ったりするのですよね。

また、そのコが前のコとソックリな柄だったり、仕草がソックリだったりして、「生まれ変わりかしら！」と思いたくなりますが、ほとんどのコは、同じ飼い主さんのもとへは降りてこないように感じます。ただ、その飼い主さんのもとでやり残したことがあるときは、また姿を変えて前の飼い主さんのところへとやってくるようです。

もし、「生まれ変わりかも！」と感じたら、お空で同じクラスだった魂かもしれません。前のコのソウルメイトちゃんが、やってきてくれているのですね。


もし、「ずっと生まれ変わりだと信じていたのに、違ったの？」とがっかりされたなら、こんなふうに考えてみるのはどうでしょう？

それほどまでに、あなたの人生を彩り豊かにしてくれた魂であれば、きっとたくさんの人間たちをあなたと同じく幸せへと導けるはずです。

それなら、そのすばらしい体験が受け取れるバトンを他の人に渡してみませんか？

そのバトンを受け取った人は、きっとあなたと同じように、その魂と関わることで人生が豊かになるでしょうから。

生まれ変わる理由

輪廻転生を重ねるのは、魂の成長のためです。そのために必要なのが、経験を重ねること。経験をするために、魂は肉体という器の中に入り、地上で存在します。

これは、人間も動物も同じです。

みなさんには、それぞれに今生での課題があります。それをクリアするために、様々な体験をしに地上へやってきました。自分の意志でやってきました。

両親が勝手に産んだのではありません。あなたが肉体を持ちたかったから、それを叶えるために両親があなたの肉体を産んでくれたのです。自分で両親も決めてやってきます。名前さえも自分で決めています。

例外はありますが、ほとんどは、自分で生まれる先を決めているのです。

人間が両親を選んでいるのと同じように、ペットたちも自分で飼い主さんを選んでやってきています。その理由も、人間のケースと同じです。ですから、あなたは、愛しい我がコに選ばれし存在なのです。

飼い主はペットの魂を成長させる責任がある

飼い主の責任の一つに、ご縁があった動物の魂の成長をサポートすることがあるんじゃないかと、わたしはいつも思うのです。

わたしたち人間も動物たちによって魂の成長を促されています。

ですから、お互い支え合う仲間だと思うのです。

時々、「うちのコ、すごく人間くさいんです。次に生まれ変わってきたら、人間になるんじゃないかと思って」と教えてくださる飼い主さんがいらっしゃいます。

もしかしたら、そのワンちゃんは、次は人間かもしれませんね。

きっとお空で、神さまからペットの卒業証書をいただいて、人間の入学許可をいただけるに違いありません。

あなたと一緒に暮らした時間が、そのコの魂を大きく成長させたのだと想像してみてください。なんとすばらしい貢献でしょう。

あなたと一緒に育んだ愛は、お空へ還っても、また地上に降りて、忘れ去られるものではありません。

魂は、愛の貯金をして大きくなる、愛の貯金箱なのかもしれませんね。

あなたと一緒にいる間に、たくさんの貯金をしてあげてください。

貯金箱が満タンになった頃、魂は次のステージへと上がっていきますよ。

留年した魂

こんなワンちゃんを見たことがあります。

亡くなって2年ほど経ってから、アニマルコミュニケーションをさせていただいたパピヨンのオトコノコ。

生前は、吠える、咬みつくで、お世話が大変だったそう。体を触ることができないので、トリミングもいつも麻酔をかけて行う必要があるほど。

ペットショップからお迎えして、心身共に育まなくちゃならなかったパピーの頃に、ご家族の不幸などがあり、なかなか時間をとってしっかりと向き合えてあげられなかったことが原因だと悔やまれていらっしゃいました。

「このコ、こんな一生で本当に幸せだったんだろうか……」

飼い主さんのお宅のお嫁さんがポツンとおっしゃいました。

すると、そのコが言いました。

「こちらにいると、地上のことがよく見えるよ。
ボクみたいに、たくさんの問題を起こすような犬は、
処分されてしまうこともあるでしょ？
でも、ボクはそうじゃなかった。
ちゃんと最期まで生きることができた。
それだけでも満足。それだけでもありがたい。
次は、もっとまともな犬になろうと思うよ」

このコは、自分でも、いろいろとやってしまったことがわかっていたようです。こういうお話をしてくれるコに初めて逢ったので、とても記憶に残っています。そして、このコとお話をしている間に、ある風景が見えてきました。

日本の2階建ての一軒家。築30年以上は経っているように感じます。
西日が射しこむ二階の一室。部屋には段ボール箱がいくつか積まれていました。
何が入っているのかまではわかりませんでしたが、たとえば雛(ひな)人形のような季節の

ときにだけ出すようなものかもしれないと見受けました。

その段ボール箱と並んで水槽のようなケースがありました。

その中にいたのがハリネズミ。ハリネズミのオトコノコを感じました。

パピヨンを見ているのに、なぜハリネズミ??

もう一度、意識を集中してそのハリネズミくんを感じました。

はは〜〜ん……。このハリネズミくん、このコの前世だ！

ハリネズミからイヌに生まれ変わるのかどうかなんてわかりませんが、そう感じたのです。そして、そのお家では、小型犬も飼われていました。

そのハリネズミくんは水槽の中から、その小型犬を感じていたに違いありません。

そこで、思いました。ハリネズミとしていっぱいの愛情を注がれて、ハリネズミを卒業して今度はイヌに入学したのね！

こんな奇妙なわたしのビジョンを飼い主さまに共有しましたら、

「なんだか納得！　犬一年生なんですね。だから犬として生きるのが大変だったのかも。犬一年生留年だから、また次は犬のやり直しですね！」

そういう飼い主さんのご意見をお聞きして、わたし自身もそういうストーリーもあるのだな〜と思ったのでした。

第4章

その問題行動にも意味があったのです

――ペットたちからのサインに気づいてください

唸(うな)ることは、悪いことですか？

ワンちゃんの健康管理の一環として、歯磨きは必須です。でも、歯磨きが苦手なコもいます。歯ブラシを見せると、唸(うな)るようになったりすることもありますね。このような場合によくあるのが、「歯ブラシを見せると唸るようになりました。改善するには、どうしたらいいでしょうか？」という質問です。

これは、「唸ること＝悪」という判断をしているから出る質問ですよね。

でも、「唸ること＝イヤの意思表示」という捉え方をしてみると、いかがでしょうか。「唸る」という行動も、全く違う印象になりませんか？

唸ることを悪いことと解釈しているのは人間側ですよね。でもワンちゃんの側からしたら、「歯磨き、イヤなんだよ～」と自分の意思を伝えているだけではありませんか？

「歯磨き、イヤなんだね」と、ワンちゃんが感じていることを一旦、受け止めてあげてください。

ありがちなのが、「ダメ！」と唸ること自体を否定すること。

ペットたちの行動には、何かしらの意味があります。唸るには、唸る理由があるのです。その理由を聞かずして、シャットアウトされてしまうなんて。あなたが、もし、相手にそんな態度で否定をされたら、どう感じますか？

聞いてもらえない。

受け入れてもらえない。

大切にされていない。

哀しくないですか？　それを最愛の飼い主さんから感じるとしたら？

「わかってよ〜〜〜」とますます、その行動がエスカレートして、やがて、吠える・咬むといった、いわゆる問題行動に移行してしまう可能性もあります。それが度重なり、習慣化してしまう可能性がないとは言えません。

「歯磨き嫌いなんだね。だけどね、アナタの体を守るためだから、歯磨きをしてくれると、ママはとってもうれしいよ」と伝えてください。

ワンちゃんは、飼い主の喜びに貢献してくれる動物です。しぶしぶながらも、やらせてくれるようになります。そして、歯磨きをやらせてくれたら、褒めます。

「うわ〜、上手〜。さすが、おりこうだね〜〜。ママ、とってもうれしい〜〜」

口先だけでは、ワンちゃんがしらけます。

本当に心の底から喜びを表現してみてください。

このママの喜びようには、まんざらでもない表情をするでしょう。

それでまた、かわいさが増しますね。


わたしたちも、対人関係において、「イヤだな」と思うことはたくさんありますよね？　だからって、すぐに相手を殴ったり罵倒(ばとう)するような危害を加えるわけではありません。それなのに、「犬が唸る」と、すぐにイメージしていませんか？

「次は咬むぞ」と。「犬は唸ったら咬む」という脳内シュミレーションにより、理由を聞くこともなく、「叱る」という行為に出てしまいます。

まずは、**その行動の理由を察知し、想いを汲み取り、受け入れ、認める。**

飼い主さんが、心の底から伝えることには、必ず耳を傾けてくれます。たとえ、お困り行動が習慣化されていたとしても、めげずに伝え続けてください。

少しの変化、改善も見逃さないように、よく観察して褒めてください。

できて当たり前にならないように、ずっとずっと褒め続けてください。

ワンちゃんが、「ママ、もういいよ～　わかったよ～」と呆れるまで。

動物たちには、上っ面の言葉は効きません。飼い主側が、いかに素直になって、自分のありのままの気持ちを表現するかが鍵です。**ワンちゃんに対する誠実さというより、いかに自分自身に誠実であるかが試されるる**ところです。

「ペットと飼い主は合わせ鏡」。

問題行動の根源は人間側にあるのかもしれません。

咬みつき犬って言われたくない！

アニマルコミュニケーションの緊急依頼がありました。

お家に来てわずか1週間の大型犬やまと君。熊猟をするために繁殖をされている犬種なのだそうです。

一般家庭で飼われ、咬みつきが出たために飼いきれなくなり、今のKさんのもとへ引き取られました。Kさんも突然襲いかかられたそうで、ご相談にいらしたという経緯です。熊と対峙できるコですから、そもそも勇ましくブリードされているでしょうね。しかも、2歳のオトコノコということで血気盛んなお年頃。

殺処分とされずに、ほんとによかった。Kさんには敬意を払うと共に、心から感謝しています。ですから、なんとかこの先やまと君とKさんが平穏に暮らせるように、気を引き締めて、やまと君とお話をさせていただきました。

やまと君から伝わってきた気持ち。それを感じたら、切なくて切なくて……。

だって、

「誰もわかってくれない」

「信用されたことがない」

と伝わってくるのです。淋しさや孤独感が、波のように押し寄せてきました。

「辛かったね。わかるよ。

りこちゃんもそうだったからね」

もう抱きしめたくなりました。

理解されないって、自分の存在を認めてもらえないって、どれほど辛いことだろうかと思うと、いたたまれなくなるのです。

ブリーダーさんは、どうやら犬に愛情を注ぐようなタイプではなかった様子。

最初に飼われたお宅で、咬みつき犬のレッテルを貼られてしまった様子。これまで一度も人との信頼関係を体験したことがないのを感じました。人間という存在に対する不信感が目からくっきりと出ています。

「この目が穏やかに、丸くなるといいな。きっと、そうなる！　そうなるように、新しい飼い主さんと作戦を立てよう！」そう決意しました。

人間社会にたとえると、やさぐれて見せている中学生男子というイメージです。本当は、ハートは誰よりも繊細。試すようなことを、わざとやらかして、周りの反応、飼い主の人となりを見抜こうとしているようにも感じました。この試し事を越えるのに必要なのは、大きな愛。そこを越えたときには、予想もしていなかった深い深い信頼関係を築くことができると思いました。

理由なく咬みついているわけではありません。**「問題行動」とは人間側都合の言葉。時によって、人間のほうが問題行動を起こしてることだってある**のです。

Kさんは、こうおっしゃいました。

「このコからたくさん学ぶことがある。うちに来てくれて、ありがとう」と。
なんて素敵なんでしょう。
深い愛情と理解で、このコの目は絶対に丸くなると確信しました。

🐾

やまと君の後日談です。Ｋさんから、こんなご報告をいただきました。

アニマルコミュニケーションを受けて、問題は「私自身」にあったのかも……と感じました。
もちろん「今まで誰も自分のことを分かってくれない、信用してもらえない」という想像もできないような深い悲しみと絶望感に満ちた「やまと君」の凝り固まった心もありましたが、同時に、保護して慣れてきてくれたかな～と思っていた矢先の突然の不意の攻撃に恐怖を覚えてしまった「私」が、克服しなければならない部分が多々あったんだと気づかせていただきました。

そして、やまと君との出逢いは、「レッテルを貼られた命を救いたい！」と公言している私が、「本当にか？　口だけでなく、本当に俺らのことを認め、受け入れてくれるのか？」と試されているのでは、と感じていたのが、りこ先生とのセッションを通して本当だったと分かり、もう、もう、涙がこみ上げてきました。

今まで、攻撃性が強く、譲渡対象からはずれ、「殺処分」される子を主に保護してきましたが、このようなタイプの子（猟犬）は初めてで。

キレてもいい。怒ってもいい。疑ってもいい。

それもこれも含めた「あなた」を、私はめんこくてしょ〜がない。と、りこ先生のセッションを受け、心から思えるようになりました。

そうすると……‼

「愛？　なんだ、それ？」

「楽しいこと？　そんなの知らねぇ〜よ‼」

と、かたくなさは根深い「やまと君」だったようですが、りこ先生の優しく愛にあふれた言葉がけを受け、凝り固まった心が少しは、こちらに向いてくれ始めたのか、さらに、「私自身」の恐怖からくる緊張をほぐしてくれた先生の言葉がけにより、「やまと君」のリードを持つ手の緊張が和らいだからもあると思うのですが、「やまと君」、お散歩のためにハウスからお外に出ると、すぐ背中の毛がお尻のほうまでゴジラのようにボッと立っていたのに、その頻度が劇的に減ったのです!!

お散歩しながら、心の中で、

「うちに来てくれて、本当にありがとうね。出逢えて心から感謝してるよ。本当にありがとう」

そう伝えながら、またまた涙。

こんな貴重な体験をさせていただき、りこ先生には感謝しきれません。

私、「やまと君」が、我が子のように愛おしい。

まだ2歳。やまと君が、「毎日楽しい！」と思えるように、私も一緒に楽しんでいきたいです。りこ先生、本当にありがとうございました!!

やさぐれっコの気持ち、わかりますか？　素直になれなくて、つい尖った態度を取ってしまいます。けれど、威嚇したり咬みついたりするのは、本心ではないのです。やさぐれっコのハートはガラスのハート。本当は、本人がいちばん痛くて傷ついているのです。でも、それは理解されず、処分という形で生命を奪われてしまいます。いとも簡単に……。

Kさんのように、わざわざやさぐれっコを受け入れて愛情というゴハンでハートを満腹にしてあげられる人は、そう多くはないでしょう。

きっとKさんのような方に、神さまはサポートしてくれます。

命を粗末にすれば、それなりに。命を大切にすれば、それなりに。

因果の法則。ブーメランの如く、自分に戻ってきます。見向きもされない命に手を差し伸べたKさん。Kさんの愛に応えて、心の扉を開けたやまと君。互いの学びは大きく、魂の絆がしっかりとできあがりました。今でもバディとして互いに支え合いながら二人で歩んでくださっていることでしょう。

おトイレ問題を解決する、ちょっとしたコツ

このようなご相談を受けました。

「ペットロスになって丸5年、やっと新しいわんちゃんを迎え入れることになり、現在、生後5か月のトイプードルの男の子と一緒にいます。

そこで、トイレのしつけをしている最中なのですが5回に1回はトイレとは全く違う場所にします。その際、叱ってからケージに入れて無視するのですが、それが良いのか悪いのか……。

以前はシェルティーの女の子でこんなに悩まなかったので、教え方を間違えたとしたら今のわんちゃんに申し訳ないなぁと思い、メールしました。

叱り方は間違えてした場所にワンちゃんを連れていき、ここじゃないでしょっ

て顔をオシッコに近づけています。

良い方法がございましたら、教えていただければありがたいと思います。」

世の中にはたくさんのトレーニング方法があり、時代が変わると、その方法も変わります。

わたし自身も、現在13歳の愛犬のトレーニングを生後2か月から開始しました。ためになったことも、後悔することもたくさんの学びもありました。

わたしが犬をシツケているつもりが、結局は、わたしのほうが教えられていたのだとトレーニングを止めてから気づきました。

そこから、ペットたちの気持ちを大切にしながら、人間のもとでの生活のルールを教えることが必要だと思うようになりました。

わたしは、ドッグトレーナーではありませんが、ワンちゃんたちの気持ちを汲み取ることから行動変化へのアプローチは得意です。ですから、そんな観点からお伝えしますね（気持ちと一口に言っても、個々に違いますので、その点もご了承ください）。

🐾

まず、トイレトレーニングにおいて、絶対にやってはいけないのが、叱ること。プードルは、特に頭の良い犬種です。中でも黒プーさんは、抜群に優秀だと思います。トイプーさんに飼われてしまっている飼い主さまも多いのでは？？

さて、おトイレの失敗。

叱られるのが嫌なので、隠れておトイレをし始めるケースもありますね。

5回に1回失敗するかもしれませんが、5回に4回は成功するのですよね？

その成功した4回をこの上なく褒めていますか？　ただ言葉で「おりこう」では、ダメですよ。心の底から、渾身（こんしん）の想いで褒めてください。

「○○ちゃん、できたぁ〜〜〜。すごい‼　さすが‼

おりこ〜〜‼　ママ、すんごく、うれし〜〜〜」

コツは、バカみたいに喜ぶこと！　ワンちゃんと同じレベルになって、天真爛漫に！　毎回！　毎回!!　ただし、演技はバレます！

失敗したときは、何事もなかったかのように、淡々と片づけます。

ただ床掃除をしているかのように、淡々と。これが、基本です。

そして、なぜ、失敗すると困るのか、その理由も伝えてあげてください。ママの気持ちも伝えてください。

たとえば、こんな感じです。


「○○ちゃん、あなたがいてくれて、ママ、本当にうれしいよ。

すごく幸せ。

ありがとうね。

ママね、いつもいっぱいお仕事があるでしょう？

だからね、○○ちゃんにもお手伝いしてほしいの。

あのね、○○ちゃんが、おトイレでしっこし（ワンツーなどいつも声掛けしている言葉）してくれるとうれしいの。

そうすると、ママのお仕事が減るの。助かるの。

どう？　お願いできないかな～？

お片付けの時間が減ったら、もっと○○ちゃんと遊ぶ時間もできるでしょ？

お掃除しているよりも、○○ちゃんと遊んでるほうが楽しいから」


こんな感じで、心と心で話してみてください。交渉してみてください。

遊んでいる楽しい気持ちと映像を乗せるのがコツです。

ただし、ウソはいけません！　遊ぶと約束しているので、ちゃんと遊んでください。真剣に遊んでください。スマホ片手にではなくです。

🐾

加えてもう一段、深いところでは、おトイレの失敗には、ママへのメッセージが隠されているかもしれないということ。

たとえば、５回中１回の失敗にどうしてもフォーカスをしてしまうなら、**できていること、すでにあることに目を向けるのが苦手**なのかもしれません。できていないこと、ないものに、目を向けて×を付ける思考の癖はありませんか？
ワンちゃんは失敗をすることで、「自分をちゃんと褒めなさいよ」と伝えているのかもしれません。自己承認、自己愛の面をもう一度確認する機会を与えてくれているのかもしれません。思い当たることがあるならば、自分に花丸を付け続ける練習をなさってください。
ペットは飼い主さんの鏡役。ペットちゃんの行動や気持ちの変化で飼い主さんの練習が進んでいるかどうかがわかります。

あとは、文面から考えられるケースとして、「前のコと無意識のうちに比べてしまっている」。これも、よくあるパターンです。

前のコは、前のコ。
今のコは、今のコ。

頭ではわかっていても、ふと心が思い出して、重ね合わせてしまう。もし、そうであれば、今のコと、もう一度しっかりとコミュニケーションを取ってみることをオススメします。

「ママ、ボクを見て！　あのコじゃなくて、ボクを見て！」

こんなこともあり得ます。

おトイレの失敗の奥には、ペットたちのたくさんの気持ちが隠されています。

心理的な面だけでなく、体調の面でも。ほしい結果につながらないときは、それぞれの方面での専門家のアドバイスをしっかりと受けることをオススメします。

何か憑いてる？
それとも点いてるだけ？？

「りこさん、あの……、こんなことを聞いてもいいのでしょうか……」
なんだか口ごもって言い出しにくそうな飼い主さん。

「うちの猫、夜になるとジ〜っと一点を見つめてるんです。
何かあるのかな？　と思って見てみるのですが、何もありません。
ただ壁を見つめているだけなんです。なんだか不気味で……」

こんなご相談も、そこそこあります。
あなたなら、この飼い主さんの会話の続きをどのように想像しますか？
多くの方が、想像力豊かに思われたことでしょう。

「何か、いるんじゃなかろうか？」と。

普通の人には見えない、何かおどろおどろしいものが。

ご想像、ご期待の通り、何かいらっしゃることもあります。だけれど、ほとんどのケースは、何もいらっしゃいません。

では、このお猫さまは、何を見ていらっしゃるのでしょうね？

わたしが、こういったケースのご相談をお受けしていて、霊障でない場合、何に反応しているのか、全然わからなかったことがありました。

飼い主さんの気のせいではなく、確かに何かに反応しているのです。そこまではわかっても、それ以上の原因がわかりませんでした。中には、その一点に向かって鳴くコもいますし、壁をガリガリするコもいます。

人間には、見えなくて、猫ちゃんには見えるもの。

ワンちゃんよりも、猫ちゃんのほうが見えるもの。

何だ？　何だ？？　何だ？？？　ナゾは深まるばかり……。

何事にも必ず原因はあるわけで、原因不明を素直に受け入れられません。

そんな持ち前の探求心の強さが、功を奏しました。

ヒントをくれたのは、熊本の地震でした。熊本地震の直後に、九州から関西あたりの猫ちゃんの飼い主さんのご相談が急増しました。ご相談内容は、暴れる、激しく鳴く、他のコにケンカを吹っかける等の問題行動に偏っていました。


ご相談回数を重ねるごとに、ある共通項に気づきました。

毛の先まで神経が通っているかのように敏感なコたちが主人公なのです。

あぁ〜、地震の電磁波。ピン！　ときました。目に見えない犯人は、電磁波かも。飼い主さんたちに、地震の時期と問題行動が始まった時期が一致していないか、思い出していただきました。

ビンゴでした！

地震発生2日ほど前から、行動がおかしくなったと、地震との関連性が見出せました。わたしが住む東海地方でも、「うちの猫二〇匹のうち四匹は地震に反応してました」とご報告くださった飼い主さんがいらっしゃいました。

それに加え、とびきりの報告が舞い込んできました。

夜になると壁を引っ掻く猫ちゃん。

その壁の向こうには、ちょうどテレビが置かれているというのです。パパさんが夜、帰宅してテレビを点ける時間と、猫ちゃんの反応が一致していたそうです。とても敏感なお猫さま、その後、電磁波対策をすることで落ち着いたという事例です。

となると、「うちのコも、電磁波に反応しているんでしょうか？」という質問がやってきそうですね。

そうかもしれませんし、そうでないかもしれません。お伝えしたいのは、原因は必ずあるということ。原因を解消すれば、問題も解消するということ。けれど、その原因を、一つのこと（たとえば、電磁波）に決めつけて偏ったものの見方をしてしまうと解決につながらないということ。

解決のためのツールは、たくさんあったほうが有利だということ。

排除するよりも、うまく付き合うほうが、ほしい結果に近づくということです。

地震や紫外線など、自然発生する電磁波が避けられないのであれば、せめて人工的なものに対して無理のない範囲内で対処することも解決ツールの一つなのかもしれません。

現代社会で、電磁波をすべて除去した生活は、もはや無理です。ですから、「せめて、寝るときくらいはスマホの電源は切りましょうよ」「Wi-Fiはコンセントから抜いて寝ましょうよ」とお伝えしているわけです。

特に、小さなお子さんやペットたちは、人間の大人以上に影響を受けやすいです。寝ているときは、しっかりと心も体も休めてあげたいですよね。

「吠えて困るんです」「落ち着きがなくて制御できません」「体調が優れなくて」とお困り事があるならば、面倒だけれど、こんな小さな気づきが大きな結果を引き起こすこともあるということを知っておいてもいいと思います。

「体を触られるのを嫌がる」「いつも不機嫌そうで笑わない」「楽しそうじゃない」など、一般的には性格の問題として見過ごしてしまいがちなことの根本的な理由は、生まれ持った性格以外にあることも。

「食糞が直りません」「ビニールなどを食べちゃうんです」「いつも手足を舐めています」なども、一般的には癖と捉えがちですが、思いもよらないところに原因が隠れていることもあります。

一頭一頭個別に理由は違いますが、柔軟な視点を持ってペットの観察をすると、解決への糸口が見つかるでしょう。ペットと共に楽しい毎日を送るための知恵を、飼い主自らが身につけることをオススメします。

家出猫が帰ってくる5つの条件

お外へお出かけしたまま帰ってこない猫ちゃん。どこで何をしているのやら……。時計とにらめっこしながら、ヤキモキした体験をお持ちの飼い主さんも多いでしょうね。ヒヤヒヤしますよね。

「お外が楽しくて、つい帰りが遅くなっちゃった」。小学生の子どものような言い訳に笑っていられる間はいいのですが、のんきでいられなくなったときは焦ります。

猫ちゃんが帰らないケースを、まず大きく2つに分けましょう。

一つは、迷子。もう一つは、家出です。

どこかで何らかのトラブルに巻き込まれて、帰りたくても帰れない状態。これが迷子猫さんです。狭い隙間にもスルっと上手に入り込む猫ちゃん。入ったはいいけれど、そのまま閉じ込められて出られなくなっちゃった。そんなこともあります。「倉庫の扉を開けたら、勢いよく猫が飛び出てきて、走り去った」。こんなお話を聞いたことがあります。無事に帰れたら、なによりです。

そしてもう一つは、家出。今回は、この家出についてお話ししましょうね。

家出猫さんが、帰宅するための５つの条件があります。この５つがそろっていると、帰宅率はかなり高いです。わたしの経験の中では１００％ですが、このパーフェクトな数字にもマジックがありまして、実は母数が非常に少ないのです。つまり、飼い主さんにとっては、条件を満たすためのハードルが高めのようです。けれど、もし、わたしだったら「トライしてみる！」と即決をすると思うので、そんな飼い主さんのためにも参考になれば幸いです。

家出猫さんのご帰宅条件は、次の5つです。

その1・生存していること
その2・家出後、間もないこと
その3・帰ってくる気があること
その4・家出理由を教えてくれること
その5・飼い主さんが自分の人生に向き合えること

まず、当然のことながら、生きていてくれることが必須です。事故等に遭われて、すでにお空へお引越しをしていないといいです。

次に、脱走から時間があまり経っていないこと。お外へ出たことがない猫ちゃんでも、日が経つごとに野性本能が出てくるように感じます。元来、備わった機能が目覚めるのでしょうね。動物たちの生きる力は、すばらしいです。

３つ目は、帰ってくる気があること。帰りたくないのに、自ら帰ってはきません。けれど、気になって、お家をチラチラ覗きに行くコは多いです。そんなかわいいコたちの気持ちを無視して捕獲をしても、また脱走を繰り返すかもしれません。わたしは、その猫ちゃんの気持ちを大切にしたいのです。アニマルコミュニケーション前には帰ってくるつもりがなくても、飼い主さんと猫ちゃんの想いを擦り合わせて、折り合いポイントを見つけるだけで、猫ちゃんの気持ちは変わっていきます。人間と違って、とても純粋で素直なのです。

それでも、お外の自由を選択するコもいます。

たとえば、元々野良猫さんとして暮らしていて、成猫になってから保護され、どうしても人間との生活を好まないコも中にはいます。生後半年までの環境が、固定されるのが猫という動物です。変化を好まないのです。

近距離に人間がいることも、家の中という住環境も全く望まないコもいるものです。そこまで意志が固いと「勘弁してやってほしい」と、わたし自身は思いますが、それは私情です。家庭内野良で一生を送るコもいれば、そのうち心の壁が崩れ、人間に心を許し始めるコもいます。

一般的な家庭猫にするのか、去勢避妊手術を施し、飼い主はいないまま地域猫として管理するのかは、様々なケースもありますし、たくさんの考え方のもとにご意見もあるでしょう。人間側の対応も、猫ちゃんたちの気持ちも鑑みて臨機応変に柔軟な視点と思考で対処していただけるといいのかなと思っています。

4つ目です。猫ちゃんが家出の理由を教えてくれると、わかりやすいですね。「家出」ですから、家に帰りたくないのです。飼い主さんにとってはショックかもしれません。けれど帰りたくない理由が、それぞれの猫ちゃんにあるのです。どうか、その猫ちゃんの言い分を聞いてやってください。理由は千差万別です。

「居場所がない」
「家の中の空気が重い」

こんな飼い主の耳が痛くなるメッセージがやってくることも珍しくはありません。家出なんて一大事ですから、飼い主さんの人生に深く関わるメッセージがあるのだと思われます。そんな猫さんの声に素直にお耳を傾けてみませんか？

５つ目、飼い主さんが真摯にご自分に向き合えること。

冒頭にお話しした母数が少なくなる理由がここにあります。飼い主さんにとっては壁が高いのかもしれません。心の準備運動、準備期間が必要だからです。しかしながら、大切なコが家出した、今がそのタイミングであるとも思います。飼い主さん自身の人生の振り返り、荷卸し、そして、これから先の未来が明るく楽しくなるような人生再設計ともなります。ぜひ、家出というピンチを、猫ちゃんと一緒に幸せになるチャンスに変えていただけたらと思います。必要なのは、少しの勇気だけです。

以上の、５つの条件を満たして、Ｉさんの愛猫、とっちゃんが、見事に帰宅した事例を紹介しましょう。

とっちゃんは、事前のアニマルコミュニケーションで、Ｉさんに「同じことを繰り返すつもりなの？」と問いかけていました。

まずうれしかったことは、脱走した猫が帰ってくる可能性が高いと言っていただけたことです。その言葉を頼りにセッションに向かいました。りこさんのお顔を拝見した途端「安心して話せる」そう確信しました。そのことで、自分自身のあるがままを出しながら、セッションに臨むことができました。

そして、「これからはあなたの時間です。相手に迷惑かな、など考えずに取り組んでください」

と言っていただけたことで、相手の様子をうかがって合わせる癖のある私でも自分自身に集中することができました。セッションは、難しいものではなく、りこさんの質問に答えていくことで自分の気持ちや思考が整理されていきました。

一番すごいなと思ったことは、りこさんの直観から紡ぎだされる言葉でした。自分でも思っていなかった、なのにびっくりするくらいしっくりくる言葉で、私の思考の癖を言い当てられたときは、自分の心にすごく響きました。

それは、わたしの「譲るという思考の癖」でした。いつも自分は後回しにしていたことに、そのとき気づきました。気づきを得ることでこんなにも自分が開けるのだということを体験し驚くばかりです。

最後に、私の人生の目的を一緒に紡いでいっていただけたこと、本当にうれしかったです。とても丁寧にしっくりくる人生の目的。

「自分自身に誠実に生きることで、周囲のすべてに豊かさの波紋を広げる」

まだ猫は帰ってきていないのに、わくわくして心が強くなってきた感じがしました。


そして、翌朝なんと、ベランダに猫が帰ってきていたのです！

一度は「シャー」と言って警戒しましたが、もう一度名前を呼ぶと家に入ってきました。5日間の脱走中、一度ベランダに帰ってきて、私が声をかけたのに逃げられていたので、正直、どういう風に帰ってくれるのか想像がつきませんでした。本当に帰ってきてくれるかという不安もありました。なので、本当に驚きとうれしさで夢を見ているようでした。

今とてもとても満たされた幸せな気持ちで過ごしています。本当にありがとうございました。

最後の答えに導いてくださったりこさんに本当に感謝しております。

🐾

まさか、猫ちゃんの家出が、飼い主さんの人生の目的を発掘するきっかけになるなんて、誰も思わないでしょうね。

人生の中で無限ループのように繰り返して起きることは、誰にでもあると思うのです。抜けたいのに抜け出せない環状線。とっちゃんは、ママがまたその罠にはまってしまうことを察知したのでしょうね。家出という形で、ママに示したのです。家出はただのサイン。それに気づいたママは、ギフトを受け取ることができました。自分の人生の目的を知り、向かうべき方向を定めました。

とっちゃん、よくやった‼

わたしが心から叫んだ事例でした。

ペットで一番大事にしたい、しつけとは

ペットと飼い主、お互いの身の安全を確保できることが、トレーニングの一番の目的だと思います。

そして、次に、お互いが気持ちよく共同生活を送れること。


わたしも、愛犬のトレーニングに熱中したことがあります。

服従訓練試験で高得点を出すことに躍起になっていた時期があるのです。

愛犬のトレーニングは生後2か月から始まりました。〝仔犬のしつけ〟などのハウツー本も手に入れて読みあさりましたが、我が家のジャジャ姫にとっては、どれもこれも例外。例外の嵐が紙面上を虚しく吹き去って行きました。

「もうこれはプロの手を借りるしかない！」と、ウェブ内を探しまわり、直感で

見つけたシツケ教室へお電話をしました。

トレーナーさんへの、わたしの第一声。

「フレンチブルドッグを飼ったのですが、首輪も着けられないんです」

あきれたトレーナーさんの顔が見えるかのよう。

「フレンチブルドッグ、見た目かわいいと思って飼ったでしょう？　彼らは、中型犬。しかも筋肉質で力は思ったよりも強いですよ。しっかりと教えないと、お散歩で引きずられますよ」

やんわりとした女性の声なのに、わたしには刺さるように鋭く聞こえました。

そして、我が物顔でやりたい放題、行きたい放題に散歩をしているフレンチブルドッグと引きずられて両膝を擦りむいて血まみれになっている飼い主というシーンが浮かびました。

ヤバい!!

早速、２日後にその女性トレーナーさんに我が家へお越しいただきました。

そこから、ドッグトレーニングがスタートしました。

トレーナーさんが、わたしに犬の扱い方を教えてくださり、習ったことを、わたし自身が愛犬に実践するという方法で、トレーニングは進みました。

3日おきに自宅へ出張してくださるトレーナーさんからは、毎回宿題が出されます。「スワレ」「フセ」「マテ」一つずつ課題をこなしていきます。

宿題はキッチリとこなさないと気が済まないタチのわたし。教えられたように、言われたように、型通りにできるようになるまで小雪と反復練習です。


「こゆちゃん！　お願い‼　ちゃんとやって〜〜」

わたしのお願いは、時に叫び声に変わることも。

「ほらっ！　がんばれ〜‼　あと、もうちょっと‼」

がんばれば、がんばるほど、できることは多くなりますが、当然のことながら、どんどん課題の難易度は高くなります。

わたしの左側にピッタリと寄り添って歩きながらのアイコンタクト。

「見て〜」が、「見てっ！」になり、「ミテッ‼」

いつの間にか、叫び声から、さらに、ドスのきいた声に進化していました。わたしの声が進化するほど、小雪のアイコンタクトは後退していきます。だんだん見なくなるのです。

「なんで？」

オヤツを使ったり、クリッカーと呼ばれる合図音が出る道具を使ったり、ありとあらゆることをしてアイコンタクトを練習しました。

お散歩中にチラッとわたしを見上げるタイミングで「おりこ〜〜〜」と褒めるのですが、ちっともうれしそうではありません。「義務的に見ている」という表現がピッタリ。その頃、アニマルコミュニケーションができたわけではありませんが、さすがに自分の犬の表情くらいは読み取れました。

つまらないんだな……。

それでも、シツケ教室には通い続け、さらに上級を目指してトレーニングをしていました。

何でも習うと、どれくらいできているのか、指標がほしくなりますよね？

わたしも訓練試験を受けることで、トレーニングの成果を計っていました。三度目の試験前日、最後の仕上げをチェックするために教室へ練習に行きました。これなら、明日は高得点狙えるかも！

ほくそえんで帰宅した直後、小雪の様子がおかしいことに気づきました。よく見ると蕁麻疹(じんましん)が出ています。しかも、全身に！

慌てて救急病院へ行き、注射を1本打っていただいて治まりました。

はて、明日の試験はどうしようか……。

迷いましたが、すでにエントリーしていることですし、体調も戻った様子、予定通り参加することにしました。

本番は、思い通りの出来で満足のいく結果でした。これまでの最高得点を獲得し、キッパリと教室を卒業、トレーニングからも身を引きました。

「こゆちゃん、これからは、楽しく自由にお散歩しよう〜」

するとあんなに苦労したアイコンタクトを自然にしてくれるようになりました。そして、その目はとっても楽しそう。

なんてこった！

気の毒なことをしたと猛省しました。これまで小雪の気持ちを思いやれるほどの心の余裕がなかったことに気がついたのでした……。

あれほど、声色を変え、道具を使い、あの手この手と試しても得られなかった、愛犬との一体感のある散歩。一歩一歩の動きが同調して、まるでコラボレーションです。わたしが楽しく散歩しよう！　と思うことが、何よりもほしい結果を手に入れるための最高の道具だったのです。小雪が2歳の頃のお話です。

トレーニングの現場からは10年以上離れていますが、昔取った杵柄（きねづか）というのは、犬にもあるのでしょうね。おかげさまで、引っ張られて飼い主がお散歩をさせられている図は、一度も体験することなくきています。

これまでのご相談でも、ワンちゃんのお散歩中のトラブルは非常に多いです。

「他のコに飛びかかるんです」

「必ず、同じ場所で引っ張り始めるんです」

「自転車に吠えるんです」


アニマルコミュニケーションで、その理由をワンちゃんたちに尋ねることはできます。けれど、繰り返される、飼い主さんがうれしくないペットたちの癖について、まずは、飼い主さん自身の頭の中にフォーカスしてみましょう。


たとえば、お散歩に出かけようとしている飼い主さんとワンちゃん。

お家を出る前に「あぁ、また今日も吠えるんだろうな」と思っていませんか？

いつもの場所に近づくと、「あぁ、いよいよ、またいつも吠えるポイントだ」と心の中で呟（つぶや）いていませんか？

その心の呟き、頭の中の思考やイメージ、感じていることすべてが、ワンちゃんに伝わっているとしたら、どうでしょう？


動物たちの持つアンテナの感度はとても敏感です。

すべてをキャッチしてしまいます。

「思考が現実をつくる」と言われますが、ペットの行動も例外ではないのです。

未来を予測して不安を増幅させる飼い主さんの思考の癖はありませんか？

心当たりがあるなら、その思考の癖を見つめること、不安の種をどこに蒔いて、どんな芽が出ているのかを知ることで、飼い主さん自身が楽になるでしょう。すると、ペットの不安も軽減できます。


ペットたちの行動は、何かを教えてくれているサインにすぎません。

ペットの問題行動が、問題だと思えなくなる日は必ず来ます。

問題行動がピタっとおさまる日も夢ではありません。

そのカギは、飼い主さんの認知を、ほんの少しだけ変えることです。

鍵と鍵穴がピッタリと合ったときに、あなたが理想としている現実が手に入ります。ペットたちが用意してくれている鍵穴にピッタリの鍵は、飼い主さんしか持っていません。幸せの扉が開く鍵を、あなたの内側から見つけてください。

諦めなければ、必ず見つかります。

終章

わたしがアニマルコミュニケーターになった理由

――ペットと飼い主の幸せのために

この本の執筆中、愛犬・小雪が死の淵をさまよう出来事が起きました。２０１８年９月１日。そう……、忘れもしない小雪が体調を崩した２０１１年９月１日からちょうど７年後です。

あの日と同じく眼振が始まりました。

悪夢がよみがえりました。この後の症状の進み方も予測がつきますから。

「小雪の症状は同じでも、７年前のわたしではない！　ここから何ができるのか？」

自分に問いかけてみました。

７年で仕入れた道具が、道具箱の中で出番を待っているかのように感じました。これまで学んできたことを全部使って小雪を救おうと、自分に誓いました。すると、必要なサポートが起こり始めたのです。

絶妙なタイミングですばらしい獣医さんとめぐり会い、遠方からわざわざ往診に来てくださいました。たくさんの生徒さんたちが、小雪とわたしにヒーリングエネルギーを送ってくださいました。心が弱っているとき、たくさんの愛を感じながら過ごすことができました。おかげさまで、小雪はすっかり元気を取り戻しました。多くの方々の思いやりと優しさに小雪の命だけでなく、わたしの心も救われました。この愛と感謝を、こうしてご縁あるあなたとあなたの大切なペットちゃんにもわかち合えたなら幸いです。

ペットとつながるってどういうこと？

さて、アニマルコミュニケーションについてもう少しお話ししておきましょう。

アニマルコミュニケーションは、人と動物が心と心を糸電話でつなげるようなものです。

この糸電話の糸は、意識。人が意図した動物に意識的に糸を延ばすのです。

難しいテクニックに聞こえるかもしれませんが、誰もがすでにやっていることです。

たとえば、

「そういえば、最近、Ａさんと連絡していないけど、元気にしてるかなあ？」

と思っていたら、Ａさんからメールや電話、ＳＮＳで連絡がやってきた！

こんな経験はありませんか？　まるで見えない電話線がつながったかのように。わたしたちアニマルコミュニケーターは、これと同じことを動物たちと行っているのです。「感じる」能力を呼び覚まし、再起動させ、トレーニングを重ねることで、自由自在に動物と対話できるようになります。

アニマルコミュニケーターが心の中で「タロウちゃん！」と呼びかけたとしましょう。これで、タロウちゃんへ電話がかかったことになります。

タロウちゃんは、その電話を受けてくれます。この時点で、動物たちに電話線がつながっているのです。動物たちは人間よりも感覚が繊細ですから、電話がかかってきた感覚は、わたしたちよりもハッキリと感じ取ります。

「ねぇねぇ、タロウちゃんは、オヤツは何が好きなの？」そう尋ねると、「ボクはね、ササミジャーキーが好きなんだぁ～」と教えてくれるわけです。

これが、アニマルコミュニケーション、ペットとつながる仕組みです。

「えっ!? そんな簡単なこと？？」と拍子抜けしたかもしれませんね。

けれど、みなさんが思っている以上にとてもシンプルなものです。複雑なものだと思うなら、複雑にしているのは、あなたの思考以外にありません。

思い込みを外して、何も思考が働かない真っ白な状態になったとき、電話線はより太くなり、より繊細な情報が大量に流れ込んでくるようになります。

みなさんも、もし、動物たちとつながることにハードルを感じたなら、まずは、日常生活で自分の直感を優先させることを試してみてください。


たとえば、混雑している駐車場で「どこが空いてる？」と天に質問を投げてみてください。人があふれた駅のホームで「どこに並ぶと快適？」と、問いかけてみます。そして、直感の返信を信じて行動してみます。

すると、目の前の駐車スペースが空いたり、目の前の人が席を立つようなことが起こります。一度そんな面白い体験をすると、ますますやってみたくなります。すると、どんどんつながる感覚がわかるようになります。こうして楽しくつながるコツをつかんでください。


動物たちと、このようにつながったら楽しいと思いませんか？

動物たちの無償の愛が電話線を通して伝わってくるので、もう止められません。愛があなたのハートに注入されます。

動物たちとの会話は言葉ではありません

わたしたち人間には、「視覚」「聴覚」「触覚」「嗅覚」「味覚」の5つの感覚が備わっています。

アニマルコミュニケーションはこれらに加えて、第六感と呼ばれる「直感」も使います。実際に、わたしたちアニマルコミュニケーターは瞑想状態にまで深く意識を落とし、その意識帯の中で動物と対面します。

そこで、これら6つの感覚を研ぎ澄まして、動物たちと対話をします。

ですから、先ほどのように好きなオヤツを聞いた場合、「ササミジャーキーが好き」と聞こえるかもしれませんし、ササミジャーキーが見えるかもしれません。ササミジャーキーを触ることもできるし、ササミジャーキーの匂いを嗅ぐこどもできるし、ササミジャーキーを味わうこともできます。そして、なんとなく「ササミジャーキー」と直感的に思い浮かぶこともあります。

どんな感覚で答えがやってこようとも、「ササミジャーキー」を6つの感覚のいずれか、または複数の感覚で感じたなら、それはタロウちゃんが、一生懸命に「ササミジャーキーが好きなの！！！！」と伝えてくれているのです。

その声を受け取って、「そっか、そっかぁ〜。じゃ、ササミジャーキー買ってこようね！」と対話を続けますか？　それとも、「え？　これ本当？　そんなワケないよね」と、対話を断絶しますか？　あなたが、そのワンちゃんなら、どちらがうれしいですか？

目の前に動物がいなくてもコミュニケーションはとれます

目の前に動物がいないと、アニマルコミュニケーションはできないと思っていませんか？　そして、ペットと一緒にアニマルコミュニケーターのもとを訪れたほうがいいと思っていないでしょうか？

いいえ！　目の前にいようと、地球の裏側にいようと、関係がありません。そして、すでにお空の住人になっていたとしても、アニマルコミュニケーションはできます。

時間も距離も関係なく動物たちと対話できます。時空を超えるのです。

アニマルコミュニケーションは、動物の写真が１枚あればできます。手慣れたアニマルコミュニケーターであれば、写真がなくてもできます。目の前に動物がいると、アニマルコミュニケーションがしづらいというコミュニケーターさんもいるくらいです。それは、目の前にいる動物たちの仕草に作用されやすいという理由です。

アニマルコミュニケーションでは、動物たちの動きや表情に左右されることは一切ありません。

わたしたちの意識は、とっても自由。意図一つで、どこへでも自由に意識はつながれるのです。アニマルコミュニケーションは、人と動物のための見えない心の糸電話です。

●●●「ボクは、もういらないコですか？」

この本の最後に、ちょっと真面目な話をさせてください。

今の日本には、終生、同じ家庭で過ごすことができないペットたちが、あふれていることをご存知でしょうか？

毎日２０００頭のワンちゃん猫ちゃんが、ペットショップで販売され、平日毎日たくさんのコ（環境省のＨＰによると平成29年度は４３２２７頭。日付換算で１８０頭）が殺処分されていく現状をご存知でしょうか？

欧米先進国と比べ、まだまだ動物たちの命の尊厳が守られない社会であるのが、日本という国です。では、どうして、このような現状が続くのでしょう。


わたしは小雪とは自宅近くのペットショップで出逢いました。当時のわたしは、「犬を迎える＝ペットショップで購入する」。この図式しか知りませんでした。

小雪を見つけたとき、そのペットショップのオーナーさんが、こう言いました。

「そのコたちね、今朝、ブリーダーさんのところから来たばかりだからね。ほしかったら早く決めてね。明日には、競り市に出しに行くから」

その言い慣れた一連の説明は、わたしの耳に入ってくるのだけれど、行きどころがなく、頭の中でぐるぐると渦を巻き始めました。

「競り市⁇」

「犬を競り市に出すって、どういうこと？？」

すぐには、理解ができませんでした。


わたしの実家は、祖父の代から続く魚屋です。小学生の頃には、父について魚河岸にも行ったこともあります。早朝の寒い中、競りが始まると、口から白い息を吐きながら、熱い戦いがそこで繰り広げられます。


「危ないから、そこの端で待ってろ」

父は、わたしを人の往来が緩やかな場所に待たせて、威勢のいいオッチャンたちの塊の中に消えてゆきました。

頭には、屋号と番号札がついた帽子、腰に分厚い前掛けを巻き、ゴム長靴。

典型的な魚屋スタイルの男衆たち。父を目で追っても、すぐに同化して区別がつかなくなります。

けたたましいハンドベルの音と共に、ダミ声が響き渡りました。

そのセリ声を聞き取ることは不可能。あそこには、別次元の言語が存在します。

しばらくその喧騒（けんそう）にのまれながらも待っていると、父が戻ってきます。小学生のわたしには、黒い集団の中から浮かび上がるかのように父の姿が捉えられました。

そして、父の表情で、わかります。

「あぁ、狙いを付けた魚を、競り落とせたんだな」と。

その日、仕入れた魚は、まさに戦利品です。

こんな体験をして育っているので、「犬の競り」という言葉が、わたしの脳内でイメージを膨（ふく）らませます。

空想劇のスタートです。

「えっ⁉　あのゴロンと並べられたマグロたちのように、生きたワンちゃんが値段を付けられて各地に売られていくの？　みんなバラバラに？？」

ペットショップの店頭で、まだ段ボール箱の中で寄り添い合っている六匹きょうだいの仔犬たち。何も知らずに愛くるしい表情でこちらを見ています。このコたちの明日という日を想像すると、胸がざわつきました。

これが、わたしが初めて、ペットが流通という形態に則って販売されているということを知ったきっかけでした。

わたしは、ブリーダーと呼ばれる、ペットの繁殖に携わっている方たちがいることは知っていました。だけれど、そこで生まれる赤ちゃんたちは、やがてショーに出るようなセレブな血筋のコたちであって、何の知識もない一般人のわたしにはご縁がないものだと思っていたのです。

どんな世界も玉石混交。愛してやまない犬種の血筋を、次世代に大切に継いでいきたい。こんな熱い想いのブリーダーさんたちばかりではない、もしかしたら、そうでない人のほうが多いのかもしれないと知ったときに不信感がむくむくと湧いてきました。

「日本人は、小さいサイズが好き、変わった毛色が好き、白いコが好きなんだよ。

だから、人気が高いコが作られる。売れるコが作られる」

こんな話を耳にしたとき、命に優劣の価値が付けられるペットビジネスの裏側をのぞき始めたことを認識しました。

🐾

もう産めなくなったからと、ゴミとして捨てられたチワワちゃん。引き取った里親さんからのご依頼で、アニマルコミュニケーションをさせていただきました。推定8歳のオンナノコ。ゴミ袋の中からレスキューされました。

お散歩もしたことがないどころか、お日さまに当たったこともないようでした。きっとケージ暮らしの一生だったのでしょう。極端におびえます。人に大きな不信感を持っていました。

そのコにつながって感じてみると、パピーミルと呼ばれる劣悪な環境にケージが重なっている風景が見え始めました。こんなところで過ごしてたんだ。

積み重なったケージに向かって立っている中年の男性、その2メートルばかり左に中年の女性が見えました。どうやら繁殖業者さんのようです。

そんなところから里親さんのところへやってきたチワワちゃん。

「ケージから出てこない。トイレもできない」とのことでした。トイレトレーニングなんて、まだまだ百歩も先のように感じました。

まずは、人は怖くないのだと、そのコの意識を変える必要がありました。

ケージから無理やり出したり、ケージに手を入れたり、のぞき込んで凝視するようなことは止めて、気長に根気よく接していただくようにお願いをしました。

そして、わたしがこのコにお話をしました。


「これまで大変だったね。怖かったね。

これからは、今、アナタの前にいる人が、ママ。

ママができたんだよ。


もうこれからは大丈夫だからね。

安心できる場所だよ。

これからは、ずっとここにいるんだよ。

ここがアナタのお家。

ママはアナタのことをたくさん愛してくれるからね」

手をかえ品をかえ、言葉をかえて、ゆっくり何度も何度もお話をします。

チワワちゃんからお返事はありません。けれど、聞いてくれていることはわかります。それで十分です。これまで何一つ、家庭犬らしいことを体験してこなかったのですから。たとえ、安全な場所に移されたとしても、このコにとって環境の変化は、多少なりともストレスです。これまで安心した体験がないのですから。「愛してくれるよ」と伝えたところで、そんな体験をしたことがないのですから理解しようもありません。

おトイレ、散歩、抱っこ……それらを8歳になってから初めてするのです。

時間を与えてあげてください。焦らず、ゆっくりと、同じことを何度も何度も根気よく。まずは嫌がること、怖がることは絶対にしない。そこから始めました。

チワワちゃん、8歳からの飼い主さんとの信頼関係構築のスタートです。

わたしと飼い主さんとで、戦略を練りました。

本当に愛情深い飼い主さんで、ゴハンも手作りしてくださいました。チワワちゃんは、ゴハンを食べながら、同時にママの愛情もいただけます。それが手作りゴハンの最大の利点。どんなプレミアムフードにもかないません。

飼い主さんの努力の甲斐あって、たった1か月でかわいいかわいい家庭犬に変身しました。飼い主さんの愛は、何よりもの武器でしたね。戦略勝ち！　きっと近い将来、魂の絆がしっかりとつながるものと感じました。

ゴミ袋の中から始まった新しい生活。このように新しい家族が見つかるコは、とってもラッキーです。

こうしてわたしが原稿を書いている間にも、心細く自分の行く先を察知しているコのことを思うと、涙があふれて止まりません。人間の都合で切り取られてしまう命がなくなりますように……。

●悲壮感をまったく感じない保護っコたち

「わたしがもし里親になるとしたら、こんなふうになりたい！」

そう思う、理想の飼い主さんがいます。

シーズーという種類のワンちゃんを専門に保護をしています。それもシニア期のコたちですから、体に何かしら不具合があることが多いです。里親募集をかけたところで、なかなか引き取り手が現れないようなコたちと一緒に暮らしています。お世話も手間がかかるでしょうし、医療費も高額になるでしょう。それでも、「わたしたちが、このコたちからもらっているもののほうが大きいから」とおっしゃいます。

飼い主さんご夫婦とワンちゃんたち五頭で愛情の交換がうまくなされているのでしょうね。ステキな関係です。

新しい家族を求めているコたちを見て、どんな気持ちになりますか？

「かわいそう」「何とかしてあげたい」「いい家族に巡り合えますように」……。

わたしの場合は、まず、「なぜ？」。こんな疑問と共に、怒りと悲しみが湧いてくるのが、正直なところです。

どうしてここまで動物の命に強いこだわりを示すのか……。

わたしの幼少期の体験と重なるのだと思います。


わたしには、「幸せだったな〜」という幼い頃の思い出が一つもありません。両親は共に家業で忙しく、時間に余裕がない人たちでした。祖父母や叔父までが同居する大家族でしたから、母には心の余裕もなかったのでしょう。そんな母と一緒にいる父だって、同じような心の状態になるのは自然なことです。

「あんたなんて、産むんじゃなかった！」

「あんたがいるから死ぬに死ねない！」

そういって事あるごとに、手を上げる母。今となっては、その母の気持ちも理解できなくもないですが、幼いわたしの心には重すぎました。

成長と共に小さくなる靴。靴の中で指が折れ曲がり、痛くてたまらなくなるまで、限界まで我慢をし、そうしてようやく切り出します。

「靴が小さくなった……」

「じゃ、新しいのを買おうね」。こんな言葉が聞かれるはずがないことは、わかっていても、奇跡にかけたい、今度こそ。だって、靴が小さくなるのは仕方がないと思うから。

「足ばっかり大きくなって！　何の役にも立たない!!」

やはり奇跡は起こりません。母は、また不機嫌になりました。

「やっぱり言うんじゃなかった……」

期待をすればくじかれることを、すでに小学校入学前に学習しました。

それからというもの、我慢、我慢、なるべく言わない、我慢。限界を超えたときだけ発する小さな声。それも、親の心の状態をじっと観察をして、今なら大丈夫なんじゃないかと、自分の心の中で勇気が出たときだけに限られます。

寝ているわたしの頭を、父に思い切り箒(ほうき)の柄(え)で突かれたこともあります。

それでも、わたしは寝たふりをしました。もちろん、目から火が出るほど痛かったです。けれど、頭に手を当てることもしませんでした。動いたらまたやられる。それ以上の被害を避けるために、とっさに取った行動は、動かないこと。何もなかったことにすること。無反応。

こんな少女が、寡黙（かもく）になり、ひとり空想に浸（ひた）って、自由な世界を楽しむようになるのは、簡単に想像ができるでしょう。

蟻（あり）の隊列、モグラの穴を見れば、その地面の下にはどんなトンネルが掘られているのか、想像するだけで楽しかったのです。

「きっと、わたしの足の下にもたくさんのトンネルがあって、今は見えないけれど、蟻さんやモグラさんが、一生懸命トンネル工事をしているに違いないわ」

今でも小雪の散歩中に蟻の列を見ると、どこへ続いているのか、後を追って確かめたくなります。働き者の蟻の姿は、あのときと、一つも変わりはありません。

子どもの頃に大好きだった夕暮れどき。

夕陽の赤と、空の青が、美しく入り混じり、空がキャンバスと化して陰陽のグラデーションが描かれる。昼と夜が入れ替わる幻想的な空に魅了されました。それは、今でも変わらず好きなひとときです。

この幼少期の様々な体験が、今のわたしの基礎を創ってくれました。
大人の顔をじっと見て心理状態を読み取り、タイミングを計る術。
空想の世界で無限の広がりを感じながら自由に発想を膨らます術。
自然と一体になって、宇宙へと意識を向ける術。

子どもの頃に過ごした毎日は、決して楽しいものではなかったけれど、アニマルコミュニケーターになるために無駄なことは一つもなかったのだと気づいたのは、ほんの数年前のことです。

こうして自然の一部である動物、植物、鉱物、そしてそれを育む地球とのつながりを感じることができるアニマルコミュニケーション。それを、天がわたしに与えることは、わたしが生まれる前からすでに計画済みだったのかもしれませんね。人生のシナリオは本当にあるのだと信じています。

存在価値を見出せなかった幼い自分と、存在を否定されたペットたちの気持ちがリンクしていることに、ある日、気づきました。

一生懸命に訴えても届かない声。
主張すると受ける暴力。
いつしか自己表現を諦める。
保護されたコの中には、生きることを諦めてしまった目をしたコもいます。
ただ淡々と時が過ぎるのを受け入れているだけ。抵抗もしません。
幼い頃の自分がそこにいます。
切ない……。

先述の里親さんのもとで暮らすシーズーたちから、教えられたことがあります。
そちらのお宅へお邪魔をしたことが2回ほどありますが、向かう車の運転中に話しかけてくるような、人懐っこいコたちです。

「りこちゃん！　早く来て‼」

「今、車で向かってるところだよ〜。もうちょっと待ってて〜。行くからね〜〜」

こんなおしゃべりをしながらの小一時間のドライブで着いたお宅。

「こんにちは〜」と玄関に入ると、わらわらと全員がお出迎えをしてくれました。

我先といった感じで話しかけてきます。

「ちょっと待って！　順番だよ〜。さぁ、誰からいこうかな？」

リーダー格のコが目に入りましたので、そのコから順にお話をしていきました。

面白いことに、言いたいことをすべて話し終えると、わたしの前から離れていきます。話し終えたコから順に、お昼寝を始めます。


とってもわかりやすいコたち。

とっても明るいコたち。

のびのびしています。

それぞれが個性を出し切って今を生きています。こちらのご家庭には、保護っコ特有の悲壮感というものを全く感じません。

飼い主さんにお伺いすると、

「うちに来たら、みんな幸せと思ってるから！」

とおっしゃいました。

我が家に来たら、みな幸せ！　迎えたコたちを幸せにしているという、ゆるぎない自信を感じました。

「だからなんだ！　すばらしい!!　これは、里親さんのお手本を見つけた！」

感激しました。保護っコだから、かわいそうなわけじゃない。悲惨な過去があるから不幸なわけじゃない。

命に感謝を。

自らの命にも。

心からありがとう。

おわりに

自然災害が相次いだ今年の夏。ピタリと原稿が書けなくなりました。追いうちをかけて飛び込んでくる、行き場を失うペット、命を搾取される自然動物のニュース。感情を揺さぶられ、ますます手が動きません。「世の中にメッセージを届ける役目がある」と出版の機会を与えてくれた芝蘭友先生の一言で、ハッとしました。自分の感情のことより「命と才能をわかち合おう！」と決めました。この小さな意識の変革が、本書を生みました。

この過程を伴走し続けてくださった手島編集長には深く感謝をしています。事例掲載へご快諾くださった方々の懐の深さにも感謝いたします。ご縁ある人々、ペットちゃんたち、いつも共に在る愛するDearMumの仲間たち、そしてこの本を手に取ってくださった皆様へ「心からありがとう」。地球が、たおやかでありますように――。

大河内　りこ

２０１８年12月

本書をお読みくださったあなたへ

感謝の気持ちをこめて 無料プレゼント

ご購入、誠にありがとうございます。ペットちゃんと飼い主さんの絆がもっともっと深まりますように読者特典をご用意しました。ぜひご活用ください。

プレゼント内容

愛しい我が子へのヒーリングの方法

体調がすぐれないとき、お留守番やあずけているとき、病院・トリミング・爪切り・車や飛行機等の移動など苦手なことがあるときに、離れた場所からでもできます！

プレゼント その1 **レポート**
ペットちゃんへのヒーリングについての解説

プレゼント その2 **動画**
実際のやり方を手順を追って説明

プレゼント その3 **音声**
誘導の音声を聴きながら実践

★詳細は下記よりアクセスください

http://dear-mum.com/booksonoko/

著者紹介

大河内りこ　アニマルコミュニケーションを科学するコミュニケーター育成のプロフェッショナル「DearMum」代表。日本催眠学会会員。1968年生まれ。愛知淑徳大学を卒業後、結婚し渡豪。20年間の専業主婦を経た後、アニマルコミュニケーターへ転身。現在は、アニマルコミュニケーター養成講座、個人セッションなど幅広く活動している。飼い主とペットの関係は「合わせ鏡」と語る著者のもとへはペットたちの問題行動に悩む方、お空に還ったコの声を聴きたいという方、またペットロスなど多くの相談が寄せられる。本書は、大切な我がコともっと幸せに暮らすヒントを多くの動物たちの声から紐解いた渾身の一冊である。

ホームページ　http://dear-mum.com/

その子(ペット)はあなたに出会(であ)うためにやってきた。

2019年1月1日　第1刷

著　　者　大河内(おおこうち)りこ
発 行 者　小澤源太郎

責任編集　株式会社 プライム涌光
電話　編集部　03(3203)2850

発 行 所　株式会社 青春出版社
東京都新宿区若松町12番1号 〒162-0056
振替番号　00190-7-98602
電話　営業部　03(3207)1916

印　刷　共同印刷　　製　本　フォーネット社

万一、落丁、乱丁がありました節は、お取りかえします。

ISBN978-4-413-23113-8 C0095

青春出版社の四六判シリーズ

マッキンゼーで学んだ
感情コントロールの技術
大嶋祥誉

望みが加速して叶いだすパラレルワールド〈並行世界〉とは
時空を超える 運命のしくみ
越智啓子

すべてを手に入れる 最強の惹き寄せ
「パワーハウス」の法則
もはや、「見る」だけで叶う！
佳川奈未

金龍・銀龍といっしょに
幸運の波に乗る本
願いがどんどん叶うのは、必然でした
Ｔｏｍｏｋａｔｓｕ／紫瑛

ほめられると伸びる男×
ねぎらわれるとやる気が出る女
95％の上司が知らない部下の取扱説明書
佐藤律子

「私を怒らせる人」が
いなくなる本
園田雅代

わがまま、落ち着きがない、マイペース…
子どもの「困った」が才能に変わる本
〝育てにくさ〟は伸ばすチャンス
田嶋英子

ヘバーデン結節、腱鞘炎、関節リウマチ…
手のしびれ・指の痛みが
一瞬で取れる本
富永喜代

採点者はここを見る！
受かる小論文の絶対ルール 最新版
試験直前対策から推薦・ＡＯ入試まで
樋口裕一

※以下続刊

お願い ページわりの関係からここでは一部の既刊本しか掲載してありません。
折り込みの出版案内もご参考にご覧ください。